來自專家的集體智慧

Java 程式設計師
應該知道的 97 件事

97 Things Every Java
Programmer Should Know

Collective Wisdom from the Experts

Kevlin Henney and Trisha Gee 　著

黃詩涵　譯

U0087063

O'REILLY®

僅以本書記念那些以智慧和惻隱之心
塑造我們的智者。

目錄

前言

大腦不是要人裝填的容器，而是要人點燃的木材。

— 希臘史學家・*Plutarch*

每位 Java 程式設計師都應該知道的事情是什麼？這點會因情況而異，取決於你向誰詢問、詢問的理由是什麼，以及你詢問的時機點。因此，有多少觀點，就至少會有多少建議出現。尤其是在一個影響軟體與眾人生活甚鉅的程式語言、平台、生態系統和社群裡，其影響力從一個世紀到下一個世紀、從一個核心延伸出許多核心、從百萬位元組到十億位元組，取決的條件會比你希望一位作者在一本書裡涵蓋的內容還多。

與其如此，本書借鑑眾多觀點之中的一些想法，為讀者匯聚成集體智慧，呈現 Java 詩句中橫跨不同面向的代表性思維。本書當然無法納入所有知識，但這些內容是由 73 位優秀的程式設計師貢獻他們的智慧，歸納而成的 97 件事。引用《程式設計人應該知道的 97 件事》（97 Things Every Programmer Should Know，歐萊禮出版）的前言所述：

> 有太多知識需要知道，有太多事情需要去做，又有太多的方法可以實現，沒有任何一個人或單一來源能自稱擁有「獨一無二的解決方法」。這些文稿並沒有像木工榫件一樣地相互契合，作者們並非以此為目的，——若要說起來，甚至還相互對立。每一篇文稿的價值在於各自的獨特性，而整本書的價值在於每一篇文稿是如何實現、證實，甚至是互相牴觸。這裡並沒有整體的結論：而是讓你去回應、反省、串起所有你閱讀過的訊息，並基於你自己的狀況、知識及經驗做出衡量。

那麼，每位 Java 程式設計師都應該知道的事情是什麼？在本書精選出來的 97 件事裡，答案遍及程式語言、JVM、測試技巧、JDK、社群、歷史、敏捷思維、應用實務知識、職業精神、程式風格、介面函式庫 Substance、程式設計典範、程式設計師身為人的一面、軟體架構、程式碼背後的技術能力、工具化、Java 垃圾回收機制、JVM 上的非 Java 語言等等。

使用許可

延續《97 件事》系列書籍最初的精神，本書的每一篇文章均依循不限制使用的開放授權模式，採用創用 CC 授權 4.0 版條款（*https://oreil.ly/zPsKK*）。許多文章也是首次在《97 件事》網路發行媒體上曝光（*https://medium.com/97-things*），所有這些內容都將成為點燃你思考與程式碼創作的燃料。

致謝

許多人直接與間接貢獻他們的時間和見解予《*Java 程式設計師應該知道的 97 件事*》，他們是這個專案成功的最大功臣。在此我們要謝謝所有曾經投入時間和精力貢獻予本書的人士，還要特別感謝 Brian Goetz 撥冗提供他對本書的回饋、意見和建議。感謝歐萊禮團隊提供予本專案的所有支持。謝謝 Zan McQuade、Corbin Collins 指導專案並且培養本書內容的貢獻者，也謝謝 Rachel Roumeliotis、Susan Conant、Mike Loukides 在整個專案進行過程中的貢獻。

身兼本書撰稿者之一與彙編者的 Kevlin 要在此感謝他的太太 Carolyn，謝謝她理解他滿腦子荒謬的理想，也謝謝他的兩個兒子 Stefan 和 Yannick 能理解他們的父母。

同樣也是本書撰稿者之一與彙編者的 Trisha 要補充她對丈夫 Isra 的感謝之意，謝謝他幫忙排解壓力，讓她了解到覺得自己做得不夠好這樣的情緒無助於解決任何事情，還要謝謝她的兩個女兒 Evie 和 Amy，無條件給予她愛和擁抱。

我們希望本書能提供讀者知識性的內容、精闢的獨特見解，同時具有啟發性。請各位盡情享受本書所帶來的閱讀饗宴！

你只需要 Java

Anders Norås

當年 Visual Studio 還在進行第一次重大改版時，微軟團隊就已經為這個世界導入三位開發者人物誌（persona）：Mort、Elvis 和 Einstein。

Mort 是投機型的開發人員，在工作過程中往往會快速修正問題並且喜歡無中生有；Elvis 是務實型的程式設計師，多年來從事解決方案的開發工作，持續從工作中學習；Einstein 則是偏執型的程式設計師，著迷於設計最有效率的解決方案，著手寫程式碼之前會先搞清楚每一件事。

程式語言裡也有宗教分歧，在 Java 方面，我們嘲笑 Mort 這類的人，希望成為 Einstein 們，跟他們一樣建立框架，確保 Elvise 這些人以「正確的方法」寫出程式碼。

在那個年代，除非你精通最新、最厲害的物件關聯映射（object relational mapper）和控制反轉框架（inversion of control framework），否則你就不是夠格的 Java 程式設計師。隨著框架時代崛起，函式庫逐漸發展為具有規範的架構，這些框架後來還變成了技術生態系統，於是，我們很多人都忘記了 Java 這個小型語言可以做的事。

Java 是很棒的程式語言，針對每種情況都有某個類別函式庫可以派上用場。你需要處理檔案嗎？ `java.nio` 類別可以幫你搞定；資料庫呢？`java.sql` 類別是你理想的去處。幾乎每個 Java 版本甚至還能突變為發展成熟的 HTTP 伺服器，即使你必須捨棄 Java-named 類別，轉而使用 `com.sun.net.httpserver` 套件。

隨著應用程式朝向無伺服器架構（serverless architecture）發展，部署單元變成一個個單一函式，我們原本從應用程式框架獲得的優勢正逐漸流失。這是因為我們可能會花更少的時間處理技術和基礎設施方面的議題，轉而將我們在程式設計上的精力投入程式要實現的商業能力。

如同美國教育家 Bruce Joyce 所述：

> 每隔一段時間我們就必須改造輪子，不是因為我們需要大量的輪子，而是因為我們需要大量的發明家。

許多人著手建立通用的商業邏輯框架，希望將再利用性提到最大的程度，但是多數人都失敗了，因為沒有任何商業問題真的存在共通性。以特定方法進行某件特別的事情，正是一項商業活動和其他商業活動之間有所區別之處，這也就是為什麼幾乎每個專案都一定會撰寫商業邏輯的原因。打著共通性和再利用性的名義提出某種做法，企圖導入規則引擎或是其他類似的東西，說穿了，配置規則引擎就是程式設計，而且往往還使用比 Java 更不如的程式語言。既然如此，為何不嘗試只用 Java 來撰寫程式呢？最後的結果將令你驚豔，你會發現程式碼易於閱讀，連非 Java 程式設計師的人也能輕鬆維護程式碼。

雖然你常常會發現 Java 類別函式庫有些限制，可能需要借助某些力量才能順利處理日期、網路等等其他功能，但是沒關係，此時利用函式庫就好，差別在於你現在是因為發生特殊需求才利用函式庫，而不是像過去因為函式庫是你一直在使用的堆疊的一部分才用。

下次當你腦海裡冒出小型程式 Spring 框架的想法時，請將你的 Java 類別函式庫知識從冬眠中喚醒，而不是伸手用 JHipster 搭起鷹架。趕流行的做法已經過時，簡約生活才是現在的主流，我敢打賭 Mort 一定會喜歡簡約生活。

認定測試

Emily Bache

你是否曾經撰寫類似以下的程式碼，在測試時利用空值或空白作為斷言的期望值呢？

```
assertEquals("", functionCall())
```

在上面的程式碼裡，你無法十分確定 functionCall 函式回傳的字串應該會是什麼，但是當你看到字串時，你知道那是正確的嗎？當然，第一次執行測試時，因為 functionCall 函式回傳的不是空字串，所以測試會失敗。（你可能會做多次嘗試，直到回傳值看起來正確為止。）然後你貼上這個回傳值，取代 assertEquals 函式裡的空字串，現在斷言測試應該是通過了，終於！這就是我說的認定測試（approval testing）。

此處關鍵的一步是，當你決定正確的輸出結果後，利用該項結果作為期望值；也就是說，你「核准」了這個結果，認為它足以保留。我希望你在沒有實際思考之前，就已經在做這樣的事，或許你稱之為快照測試（snapshot testing）或特徵測試（golden master testing）。在我的經驗裡，如果你有專為支持這項測試方法而設計的架構，多數工作都能按部就班進行，也能更順利進行這個測試方法。

使用像 JUnit 這類經典的單元測試架構時，當你需要更新這些作為期望值的字串會有一點痛苦，最終你要在原始程式碼裡到處貼入修改的資料。反之，如果是利用認定測試工具，會先將核准過的字串儲存在一個檔案裡，這立即開啟全新的可能性。你可以利用適合的差異性工具審視要更改的字串，並且將它們全部合併在一個檔案裡，以語法標示出 JSON 字串，還可以在橫跨不同類別的數個測試裡，搜尋和替換更新。

那麼，有哪些情況適合利用認定測試呢？這裡有幾個想法：

不需要更改單元測試的程式碼

如果程式碼已經在營運環境中，原則上，這份程式碼做的任何事都要被認為是正確的而且被核准。建立測試時的難題會變成找出程式碼之中的接縫處（seam），切分出某些你能核准的有趣邏輯區塊。

回傳 JSON 或 XML 的 REST API 和函式

如果你的結果是較長的字串，將字串儲存在原始程式碼之外的人才是最大的贏家。JSON 和 XML 兩者都可以利用一致性的空白字元格式化，如此一來，便能輕鬆與期望值比對。如果 JSON 和 XML 裡的值差異很大 —— 例如，日期和時間，在你以固定字串取代這些值還有核准剩餘的值之前，可能需要分別檢查它們。

建立複雜回傳物件的商業邏輯

一開始要先撰寫 Printer 類別，將複雜回傳物件格式化為一個字串。請思考一下**收據**、**處方籤**或是**訂單**，不管是哪一種文件都能適當地以讓人類易懂、多行字串的方式呈現。Printer 類別可以選擇只印出摘要 —— 查找整個物件圖，從中拉出相關細節。測試會執行各種商業規則，並且利用 Printer 類別去建立作為核准使用的字串。即使產品負責人或業務分析師沒有程式設計方面的背景，甚至也能讓他們看懂測試結果，並且查證結果的正確性。

如果你已經寫好一些測試，裡面有斷言要驗證長度超過一行的字串，那麼我會建議你找出更多認定測試方面的資訊，開始利用支持這項測試的工具。

利用 AsciiDoc
強化 Javadoc

James Elliott

Java 開發人員都知道 Java 文件產生器 —— Javadoc，那些在程式界打滾已久的人應該都還記得 Javadoc 當年是如何讓大家徹底改觀。當 Java 成為第一個主流程式語言時，它將文件產生器直接整合到編譯器裡，成為標準工具鏈。結果造成 API 文件的數量爆炸性增加（即使不是所有文件都很棒或是精美），讓我們所有人大幅受益，這股趨勢還傳到許多其他語言裡。如同 Java 之父 James Gosling 所述（*https://oreil.ly/Y_7rk*），Javadoc 剛推出的時候引起很多爭議，因為「一名好的技術文件工程師可以做更多的工作而且品質更好」，然而現實是 API 的數量遠超過能撰寫文件的技術文件工程師的人數，而且 Javadoc 在協助某件事情普及上，已經確實建立起它的價值。

不過，有時候你需要建立的文件不只是 API 說明文件，你需要的內容不只有 Javadoc 在套件和專案概要裡提供的內容，像是面向終端使用者提供的指南和操作指令、詳細說明架構和理論的背景、解釋多個元件之間如何相互配合……等等，這些內容全都無法納入 Javadoc。

那麼，我們要採用什麼方法來滿足這些其他方面的需求？這個問題的答案隨時空背景不同而改變。在 80 年代，當時的強者是 FrameMaker，不僅相當創新而且是可以跨平台的 GUI 技術文件，Javadoc 甚至還曾經納入 MIF Doclet，利用 FrameMaker 產生精美印刷的 API 文件，但僅有功能不全的 Windows 版本。後來，DocBook XML 提供了類似的結構和連結功能，還具有開放規格和跨平台的工具，但要直接處理原始的 XML 格式卻是不切實際的想法，再加上其編輯工具逐漸變得昂貴而且無趣，就連優秀的編輯器都讓人感到笨重而且妨礙文件的撰寫流程。

非常高興我現在已經找到更好的答案：AsciiDoc（*https://oreil.ly/ NYrJI*），其以容易撰寫（而且易懂）的文字格式，提供 DocBook 所具備的一切功能，輕而易舉就能處理簡單的工作，也可能解決一些複雜的任務。大部分的 AsciiDoc 結構就跟 Markdown 這類輕量級標記式語言的格式一樣，立刻就能看懂而且易於理解，漸漸透過線上論壇廣為人知。此外，當你需要花俏的內容時，可以利用 MathML 或 LaTeX 格式加入複雜的方程式、在原始程式碼清單的格式裡加入編號並且連結文字段落、顯示不同種類的警告區塊等等。

AsciiDoc 最早是在 2002 年導入 Python 實作之中，目前的正式實作版本（和管理語言）是 2013 年釋出的 Asciidoctor（*https://oreil.ly/ aRRvG*），其以 Ruby 語言撰寫的程式碼也能透過 AsciidoctorJ（利用外掛程式 Maven 和 Gradle）在 JVM 上運行（*https://oreil.ly/UT8EP*），或者是將程式碼轉譯成 JavaScript（*https://oreil.ly/E_6qn*），兩者都能在持續整合的環境中運作良好。當你需要建立整個網站的相關文件（甚至是來自於多個資源庫），像 Antora（*https://antora.org*）這樣的工具就能讓你的工作變得極為輕鬆。AsciiDoc 的社群（*https://oreil.ly/PtWwa*）相當友善而且提供多方面的支持，看著它過去這幾年的成長和進步，令人相當振奮。而且，如果你對 AsciiDoc 有興趣的話，它正在進行正式規格的標準化處理流程（*https://oreil.ly/BaXa8*）。

我喜歡為自己分享的專案建立豐富而且吸引人的說明文件（*https:// oreil.ly/H_rSW*），AsciiDoc 正好可以幫助我簡化這方面的工作，它提供如此快速的處理週期，把建立精美而且完善文件的工作變得如此有趣（*https://oreil.ly/7sbtj*）。我希望你也能從中發現相同的樂趣，而且，繞了一圈回來之後，你會發現許多方法彼此之間都有關係。如果你決定全部文件都採用 AsciiDoc，Java 甚至還支援一個 Asciidoclet 的 Doclet 元件（*https://oreil.ly/9KgQq*），讓你能利用 AsciiDoc 撰寫 Javadoc！

請特別注意容器周遭的環境

David Delabassee

將傳統 Java 應用程式及其使用的舊版 Java 虛擬機器（JVM）封裝在容器裡會有危險，因為在 Docker 容器（container）裡執行時，這些舊版 JVM 在處理垃圾回收機制的優化過程（ergonomics）中會發生混淆的情況。

事實上，容器現在已經變成程式執行期間的封裝機制，其提供的優點有：具有一定程度的隔離效果、提高資源利用效率、可以橫跨不同環境部署應用程式等等。當應用程式封裝到可攜式容器裡，容器還有助於降低應用程式和底層平台之間的耦合性，因此，這項技術有時會用在協助傳統應用程式現代化的工作上。在 Java 的環境裡，容器嵌入傳統 Java 應用程式時會一併納入該應用程式使用的關聯函式庫，包含其使用的舊版 JVM。

將傳統 Java 應用程式及其環境嵌入容器裡，實務上的確能藉由將它們完全從舊有、無法支援的基礎設施環境中解耦，幫助舊版應用程式繼續在現代環境中運行，獲得現有基礎設施的支援。這種做法在實務上可能會帶來一些好處，但是，在 JVM 處理垃圾回收機制的優化過程中也可能伴隨一連串的風險。

JVM 處理垃圾回收機制的優化過程（ergonomics，*https://oreil.ly/h3hTh*）是透過兩個關鍵環境指標來校調 JVM 本身的效能：CPU 數量和可用記憶體。JVM 利用這些指標來決定一些重要參數，例如，該使用哪一個垃圾回收器、如何設定垃圾回收器、堆積記憶體的大小、ForkJoinPool 物件的大小等等。

JDK 8 釋出的更新 191（*https://oreil.ly/C_1AW*）讓 Linux Docker 容器可以支援 JVM 依賴 Linux cgroups 機制（*https://oreil.ly/nDIwb*），取得 JVM 運行容器所分配到的資源指標。JDK 8 版本以前的所有舊版 JVM 都不知道自己正在容器環境下運行，所以會從主機作業系統取得指標資料，而非從容器本身，可是，在大部分的情況下，主機只會配置一部份的資源給容器，所以從主機取得指標的 JVM 就會仰賴不正確的指標來校調自身的效能，導致不穩定的情況快速發生。這是因為容器試圖消耗更多資源，在超出本身所擁有的可用資源情況下，主機可能會強制刪除容器。

以下命令說明 JVM 處理垃圾回收機制的優化過程中，JVM 設定了哪些參數：

```
java -XX:+PrintFlagsFinal -version | grep ergonomic
```

JVM 容器支援在預設情況下會處於啟用狀態，但是，可以利用 JVM 旗標 -XX:-UseContainerSupport 停用這項支援。在（CPU 和記憶體）資源有限的容器裡，利用這項旗標，你可以觀察和探討有無容器支援對 JVM 在處理垃圾回收機制優化過程的影響。

在 Docker 容器裡運行舊版的 JVM 明顯不是一個好的建議方案，但是，如果這是你唯一的選擇，至少應該設定舊版 JVM 使用的資源不能超過其運行的容器環境本身所分配到的資源。顯然，理想的解決方案是使用有支援的新版 JVM（例如，JDK 11 以上的版本），在預設狀態下不僅能獲得容器支援，還能提供最新而且安全的程式執行環境。

行為引起的問題很「簡單」，困難的是由狀態引起的問題

Edson Yanaga

當年我第一次接觸物件導向程式設計時，剛開始教給我的三個基礎觀念是：多型（polymorphism）、繼承（inheritance）和封裝（encapsulation）。說真的，我們花了相當多的時間，嘗試理解這些觀念並且利用它們撰寫程式碼，但是，我覺得過於強調前兩者（至少對我來說是如此），卻很少著墨於第三項而且也是最重要的一項：封裝。

封裝讓我們有能力駕馭軟體開發領域裡不斷成長的狀態和複雜性，這已經變成一種常態。設計複雜資訊系統和撰寫其程式碼時，核心想法是我們可以將狀態初始化、對其他元件隱藏狀態，以及針對任何狀態發生變異的情況，只提供精心設計過的 API surface 元件。

然而，在建立完善封裝系統這方面，我們無法將一些最佳實務做法擴散出去（至少在 Java 界是如此）。JavaBean 的屬性經常可以看到貧血類別（anemic class），透過 *getter* 和 *setter*，簡單地暴露出內部狀態。從 Java Enterprise 的架構裡，我們似乎看見這樣的觀念已經十分普及，即使不是所有也可以說是大部分的商業邏輯應該在 Service 類別裡實作，在這些類別裡利用 getter 獲取資訊、處理 getter 以獲得結果，然後利用 setter 將結果放回物件裡。

等到程式發生臭蟲時，我們從紀錄檔案裡挖掘線索、使用偵測器，嘗試搞清楚營運環境裡的程式碼究竟發生了什麼問題。要指出由行為問題引起的臭蟲相當「容易」，就是：某些區塊的程式碼正在做某種它們不應該做的行為；另一方面，當我們的程式碼似乎表現正常卻仍舊出現臭蟲，想要搞清楚問題在哪裡就會變得更加複雜。從我過往的經驗來看，最難解決的臭蟲是由**狀態不一致**所引起的問題。你的系統達到不應該

發生的狀態，但事實上，它就是發生了 —— 某個屬性永遠不應該出現空值、原本應該是正的資料值卻變成負的等等，諸如此類的情況造成了 `NullPointerException`。

出現我們需要找出引起這種狀態不一致的步驟的情況，發生的可能性很低。程式類別的表面太容易改變而且輕鬆就能獲取：系統裡任何一塊程式碼，隨處都可能在不經由任何檢查或調整的情況下，讓我們的狀態產生變異。

儘管我們能透過驗證框架，針對使用者提供的輸入資料採取一些安全措施，但是「無辜的」setter 卻仍舊允許任何一塊程式碼呼叫它。我甚至不想討論這種可能性，但某個人可能會在資料庫裡直接使用 UPDATE 陳述式，更改資料庫映射內容裡的某些欄位。

我們該如何解決這個問題？可能的答案之一是不可變異性（Immutability）。如果我們能保證物件永遠不會出現變異的情況，並且在建立物件時檢查狀態一致性，系統就永遠不會發生狀態不一致的問題。但是，我們必須考慮到多數 Java 框架都不擅長處理不可變異性，所以我們至少應該努力將可變異性降到最低；適當地利用編碼過的工廠方法和編譯器，也有助於達成狀態可變異性最小化的目的。

因此，請不要自動產生 setter。花點時間思考，你的程式碼裡是否真的需要這個 setter？如果你最後決定使用 setter（或許因為某些框架的要求），請考慮加上防損毀層（anticorruption layer），在 setter 進行這些互動後，保護與檢查內部狀態。

基準測試很難，
但 JMH 能幫助你完成

Michael Hunger

在 JVM 上要進行基準測試（benchmarking）很難，尤其是微基準測試（microbenchmarking）更是難上加難。每奈秒圍繞呼叫或迴圈完成測試還不夠，你還必須考慮測試前的預熱準備工作（warm-up）、熱點編譯（HotSpot compilation）、程式碼最佳化，例如，刪除單一檔案和沒有用到的程式碼、多執行緒、衡量方法的一致性等等。

幸運的是，開發出許多優秀 JVM 工具的作者 —— Aleksey Shipilëv 為 OpenJDK 貢獻了一套微基準測試框架（Java Microbenchmarking Harness，簡稱 JMH，*https://oreil.ly/gR0fd*）。這套框架是由一個小型的函式庫和編譯系統外掛程式所組成，函式庫提供了標註和實用程序，宣告測試基準為已經標註的 Java 類別和方法，其中包含 BlackHole 類別，用以消耗產生出來的值，避免程式碼被刪除；在多執行緒的環境下，函式庫還提供正確的狀態處理程序。

編譯系統外掛程式則負責產生 JAR 檔案，包含為了正確執行和衡量測試所需要的相關基礎結構程式碼，其中設定了專用的預熱階段、適合的多執行緒、執行多個 fork 函數和計算函數之間的平均值等等。

這項工具還會輸出重要的建議，說明如何使用收集到的資料和其中的限制。以下這個範例是衡量程式預先配置集合大小的影響：

```
public class MyBenchmark {
    static final int COUNT = 10000;
    @Benchmark
    public List<Boolean> testFillEmptyList() {
        List<Boolean> list = new ArrayList<>();
        for (int i=0;i<COUNT;i++) {
            list.add(Boolean.TRUE);
        }
```

```
        return list;
    }
    @Benchmark
    public List<Boolean> testFillAllocatedList() {
        List<Boolean> list = new ArrayList<>(COUNT);
        for (int i=0;i<COUNT;i++) {
            list.add(Boolean.TRUE);
        }
        return list;
    }
}
```

你可以利用 JMH 的 Maven archetype 命令來產生專案和執行專案：

```
mvn archetype:generate \
-DarchetypeGroupId=org.openjdk.jmh \
-DarchetypeArtifactId=jmh-java-benchmark-archetype \
-DinteractiveMode=false -DgroupId=com.example \
-DartifactId=coll-test -Dversion=1.0

cd coll-test

# 新增：com/example/MyBenchmark.java

mvn clean install

java -jar target/benchmarks.jar -w 1 -r 1

...
# JMH 版本：1.21
...
# 預熱準備：5 次迭代，每次一秒
# 衡量：5 次迭代，每次一秒
# 逾時：每次迭代十分鐘
# 執行緒：一個，和迭代同步。
# 基準測試模式：吞吐量（ops / time）
# 基準測試：com.example.MyBenchmark.testFillEmptyList

...

Result "com.example.MyBenchmark.testFillEmptyList":
30966.686 ±(99.9%) 2636.125 ops/s [Average]
(min, avg, max) = (18885.422, 30966.686, 35612.643), stdev = 3519.152
CI (99.9%): [28330.561, 33602.811] (assumes normal distribution)
```

```
# 完成執行。總時間：00:01:45
```

請記住：以下的數字只是資料，你必須追蹤這些數字背後的原因，
才能獲得可重複利用的觀點。你可以使用剖析器（請見 -prof、-lprof），
設計因子實驗、執行基線測試和負向測試，以提供實驗控制條件，
確保基準測試環境在 JVM／OS／HW 層級的安全性，
請這個領域裡的專家審視實驗結果，
但是請不要假設數字傳達的意義就是你希望的那樣。

基準測試	模式	次數	分數	錯誤		單位
MyBenchmark.testFillAllocatedList	吞吐量	25	56786.708	±	1609.633	ops/s
MyBenchmark.testFillEmptyList	吞吐量	25	30966.686	±	2636.125	ops/s

所以，我們看到預先配置集合的速度幾乎比預設情況快上兩倍，這是因為元素新增期間不必重新調整大小的緣故。

撰寫正確的微基準測試時，JMH 會是你工具箱裡強大的工具。如果你在相同的環境裡執行測試，甚至能相互比較，這才應該是闡述測試結果的主要方法；此外，還能用於剖析目的，因為它們能提供穩定、可重複的結果。如果你對這方面有興趣，Aleksey 分享了更多關於這個主題的想法（*https://oreil.ly/5zWU1*）。

程式碼結構品質程式化
與驗證的優點

Daniel Bryant

持續交付編譯工作流程應該是主要負責應用程式結構品質的地方,將眾人一致同意的品質程式化並且加以嚴格執行。然而,這些負責自動驗證品質的工作流程不應該取代團隊在標準和品質層面的持續討論,而且絕對不能用來避開團隊內部或團隊之間的溝通;也就是說,在編譯工作過程裡檢查和發布品質指標,可以防止結構品質逐漸低落,否則團隊可能很難注意到這個情況。

如果你對為什麼應該測試程式碼結構背後的原因很好奇,這個(*https://oreil.ly/q1OCY*)說明 ArchUnit 動機的網頁能讓你搞懂一切。ArchUnit 的問世起始於一個大家都很熟悉的故事:從前從前,有一位架構師畫了一系列漂亮的架構圖,利用這些圖來表示系統裡的各個元件,以及元件之間應該如何互動。後來,專案的規模變得越來越大,使用者案例也變得越來越複雜,有新的開發人員加入專案,也有舊的開發人員離開,最終變成開發人員覺得哪個方法適合,就以那個方法來加入新功能。不久之後,所有元件都相互依賴,團隊無法預測任何改變會對專案裡所有其他元件帶來什麼樣的影響。我敢肯定許多讀者都能體會我說的這個情境。

ArchUnit(*https://www.archunit.org*)是一個開放原始碼、可擴充的函式庫,利用 Java 單元測試(像是 JUnit 或 TestNG)來檢查 Java 程式碼的結構。ArchUnit 藉由分析位元組碼和匯入所有類別來進行一切的檢查工作,可以檢查迴圈依賴關係,以及套件與類別、呼叫層次與切面之間的依賴關係等等。

在 JUnit 4 的環境下加入以下來自 Maven 中央資源庫的依賴資源,就可以使用 ArchUnit 工具:

```
<dependency>
    <groupId>com.tngtech.archunit</groupId>
    <artifactId>archunit-junit</artifactId>
    <version>0.5.0</version>
    <scope>test</scope>
</dependency>
```

ArchUnit 核心提供的基礎結構是將 Java 位元組碼匯入 Java 程式碼結構裡。做法是利用 ClassFileImporter 物件，使用類 DSL 流暢 API，依序評估匯入的類別，制定像「只有控制器才能獲得服務」這樣的結構規則：

```
import static com.tngtech.archunit.lang.syntax.ArchRuleDefinition;
// ...
@Test
public void Services_should_only_be_accessed_by_Controllers() {
    JavaClasses classes =
        new ClassFileImporter().importPackages("com.mycompany.myapp");
    ArchRule myRule = ArchRuleDefinition.classes()
        .that().resideInAPackage("..service..")
        .should().onlyBeAccessed()
        .byAnyPackage("..controller..", "..service..");
    myRule.check(classes);
}
```

延伸前面這個範例，你還可以利用這個測試加強更多以層次為基礎的存取規則：

```
@ArchTest
public static final ArchRule layer_dependencies_are_respected =
layeredArchitecture()
.layer("Controllers").definedBy("com.tngtech.archunit.
eg.controller..")
.layer("Services").definedBy("com.tngtech.archunit.eg.service..")
.layer("Persistence").definedBy("com.tngtech.archunit.
eg.persistence..")
.whereLayer("Controllers").mayNotBeAccessedByAnyLayer()
.whereLayer("Services").mayOnlyBeAccessedByLayers("Controllers")
.whereLayer("Persistence").mayOnlyBeAccessedByLayers("Services");
```

此外，還能確保程式碼有遵照命名慣例（例如，名稱的前置詞），或者是指定以某種方式命名的類別必須放在適當的套件裡。GitHub 平台上有一系列使用 ArchUnit 的範例（*https://oreil.ly/Xv8CI*），不僅能幫助你起步，還有許多想法供你參考。

你可以嘗試請有經驗的開發人員或架構師每週幫你看一次程式碼，找出有違反規則的程式碼並且修正它們，藉此偵測和修改所有本文提過的程式碼結構問題。然而，人類前後行為不一致的特性可是出了名的，當專案逃不過壓在身上的時間壓力，通常第一個被犧牲掉的項目就是手動驗證。

更實際的方法是利用自動化測試、ArchUnit 或其他工具，將眾人一致認同的結構標準和規則程式化，並且將其納入、成為持續整合編譯流程裡的一部份，日後發生這個問題的工程師能快速偵測並且修正。

將問題和任務拆解成
小的工作區塊

Jeanne Boyarsky

目前正在學習程式設計的你收到了一份小作業，要寫一千行以下的程式碼。於是，你輸入程式碼並且測試，然後加了一些列印陳述式、使用了偵錯器，這中間可能還去拿了杯咖啡，接著陷入苦思。

聽起來是不是很耳熟？這還只是一個經過簡化的玩具問題，現實生活中的工作任務和系統遠比這還要龐大。解決大型問題需要時間，更糟的是，太多事物占據在你的大腦記憶體裡。

有一個好方法能解決這個處境，就是將大問題分解成一塊塊的小問題，而且是越小越好。如果你能處理每一塊小問題，就不會再陷入苦思之中，可以繼續處理下一個問題。當你能順利處理問題時，就會想為每個小問題撰寫自動化測試。不僅如此，你還應該增加提交程式碼的頻率，當日後工作進行狀況不如預期時，你還能有回溯點。

我記得以前曾經在某個團隊裡，幫助過某位陷入工作困境的成員。因為最簡單的修復方法是回溯到前面版本的程式碼，然後重改程式，於是我問他最後一次提交程式碼是什麼時候，他回答我「一個禮拜前」，這下就蹦出兩個問題了：一個是原來卡住的問題，另一個問題是我不想幫他除錯一整個禮拜份量的程式碼。

有了這次的經驗後，我為團隊辦了一場訓練課程，內容是如何將工作任務分解成更小的工作區塊。那時有幾位資深開發人員告訴我，他們的工作任務「很特別」而且「不太可能拆解」。當你聽到**很特別**這個詞和工作任務連結在一起，應該立刻抱持懷疑的態度。

當下我決定再安排第二次會議。我請每位出席會議的人都提出一個例子——一個他們認為「很特別」的工作任務，然後由我來協助他們拆解

工作區塊。第一個例子是預計要花兩週時間開發的畫面，我將開發工作拆解成：

- 在正確的網址建立一個 *hello world* 的畫面 —— 沒有資料，就只是在畫面上印出 *hello world*。
- 新增功能，用以顯示資料庫清單。
- 新增文字區域。
- 新增下拉式選單。
- 〈一長串更多細小的工作任務。〉

你猜猜看這麼做會發生什麼事？在這些細小的工作任務裡，每當有一個項目完成後可能就會提交一次程式碼，這意味著一天之中可能會提交很多次程式碼。

然後，有一位開發人員告訴我，畫面的開發工作可以用這種方式完成，但是檔案處理的工作「很特別」。現在，**很特別**這個詞又出現了，我會怎麼說？當然也是將這個工作拆解：

- 從檔案裡讀取的一行資料。
- 驗證第一個欄位，包含資料庫呼叫。
- 驗證第二個欄位，並且利用商業邏輯轉換這項資料。
- 〈一長串資料欄位。〉
- 將第一個商業邏輯規則應用在所有欄位。
- 〈一堆規則。〉
- 新增訊息到佇列裡。

同樣地，這個工作任務一點也不特別。如果你認為某項工作任務很特殊，請停下來思考一下為什麼，往往會發現仍然可以套用這個技巧。

最後，有一位開發人員告訴我說，他無法在一週的時間內提交出程式碼。這個工作任務後來重新分配到我手上，開發過程中我特別多提交了幾次程式碼。最後我花了兩天完成這項工作任務，計算了一下，兩天之中提交了 22 次程式碼。如果這位開發人員願意增加提交的頻率，我想他會更快完成工作！

建立多元化的團隊

Ixchel Ruiz

多年前，一位優秀的醫生是無所不知、無所不能：整骨、動手術、抽血，樣樣精通；優秀的醫生要獨立而且自己搞定所需要的一切，因此，自主性獲得高度重視。

時間快轉到今日，這是一個知識爆炸的年代，凌駕個人之上，帶來了專業化。為了從頭到尾提供一個完整、適當的解決方案，需要許多專家一起參與，許多團隊必須一起互動。

這點在軟體開發中也是如此。

現在，能與他人合作變成「優秀」專業人士身上最有價值的特質之一。過去，獨立而且能自己搞定一切的人就足以稱為「優秀」，但是現今我們所有人都必須表現得像後勤維修人員，也就是：團隊成員。

因此，我們的挑戰就是要組一支成功又多元化的團隊。

和創新有正相關的多元性有四種：產業背景、原來的國籍、職涯道路與性別。在同質性團隊裡，不論團隊成員的學術背景如何，都可能出現重複的觀點，例如，女性會帶來破壞性創新。

性別對團隊的影響有多大？我們已經觀察到，在性別多元化高的管理團隊中，來自創新的營收增加了 8%。

小組成員之間的差異性也會是各種見解的來源 —— 具有不同背景、經驗和想法的成員會增加資訊、技能和人際關係的共用資源。從更多角度來看，要達成團隊共識需要進行建設性的辯論。如果整體環境鼓勵團隊成員積極交換想法，自然就會冒出有創意的解決方案。

然而，要在群體裏增加多元性並非一件容易的事。當異質團體無法有效溝通或是分散成好幾個小圈圈時，就會產生衝突。一般人都偏好和自己同質性高的人合作，因此，關係緊密的團體會發展出自己的語言和文

化，而且不信任團體之外的人。在數位溝通的環境下，人與人之間的距離伴隨著可能發生不幸事件的陷阱，這使得軟體團隊特別容易出現這些問題：「我們 V.S. 他們」以及獲得不完整的資訊。

所以，我們該如何獲得多元性帶來的好處，避免可能產生的缺點呢？

協作的關鍵在於，培養團隊內的心理安全感和信任感。

當身邊周遭都是我們信賴的成員時，即使他們和我們有所差異，我們也能有更高的信心去承擔風險和做一些嘗試。這是因為當我們彼此信任時，會期望對方提供有助於我們解決挑戰性問題的資訊或觀點，從而創造出團隊合作的機會。當他人要求我們提出回饋時，我們也能克服心理上的弱勢情況。

在團隊成員具有心理安全感的前提下，一般人很容易相信說出個人想法的優點會大於成本。人們的參與感會降低他們對改革的抵抗，當他們的參與頻率越高，提出嶄新想法的可能性也越高。

在軟體開發裡，團隊成員的個性也有關係，為不同個性的成員建立環境信任感一樣重要。每個團隊裡都會有一位願意率先測試每個新的函式庫、框架或工具的同事，會有某個人思考如何使用或探索這個閃亮亮的紅色新玩具，有時就會激發出令人驚豔的結果。某些人的個性傾向於開發新流程、撰寫程式碼的格式風格，或者是建立提交訊息的範本，在我們沒有遵循適當的程序時，從旁提醒我們。你可能會有團隊成員對工作過度承諾、表現超乎預期，或者是思考每一個可能出錯的環節：更新程式、依賴關係、安裝更新檔案、安全風險等等。不管是哪種情況，請考量每個人的差異，記得不要操之過急。

我們可以從兩個面向來提升團隊的多元性：背景和個性。如果團隊能具有良好的動力，而且持續建立彼此的信任感，我們就能成為更成功的程式設計師。

編譯過程不需要漫長等待和不可靠性

Jenn Strater

不久之前我還在一家剛成立不久的新創公司工作，每天程式庫和開發團隊都不斷地成長，隨著我們加入越來越多的測試，編譯程式所需要的時間也越來越長。後來大概是在第八分鐘左右我開始注意到一件事，這也就是為什麼我會記得這個特定的數字，從八分鐘之後，編譯時間幾乎增加了一倍。起初我覺得這樣很好，程式開始編譯時我還去拿杯咖啡，跟其他團隊的同事聊聊天，但是，幾個月過後，我對此感到厭煩。咖啡我已經喝得夠多了，連每個人在做什麼工作我也都知道了，所以我改在等待編譯完成的期間，確認一下 Twitter 上有什麼更新或是協助團隊裡其他的開發者。然後等我回到工作上，又不得不切換環境。

此外，就跟所有軟體專案一樣，當時程式編譯結果也不可靠，我們有一堆不穩定的測試。聽起來雖然幼稚，但我們第一個解決方案就是關掉失敗的測試（也就是 @Ignore）。後來，我們終於抓到重點，相較於在本機執行測試，靠持續整合（continuous integration，簡稱 CI）伺服器推動更改會容易多了。問題是，採取這項策略只是把問題往後推延，如果在持續整合步驟發生測試失敗的情況，我們得花更長的時間除錯。萬一不穩定的測試在一開始就通過了，而且只有在合併後才出現，結果就是卡住整個團隊，直到我們做出決定，判斷這個不穩定的測試是否真的算是一個問題才能繼續進行。

這整個過程令人感到沮喪，於是，我嘗試修復某些有問題的測試。在我的腦海裡，有一項測試特別令人印象深刻，而且只有在執行一整組測試時才會出現，每次我做了一項修改，就必須等超過 15 分鐘的時間才能得到回饋結果。如此漫長的回饋週期實在令人不可置信，而且普遍缺乏相關資料，這表示我追蹤這個臭蟲根本是浪費時間。

然而，不只這家公司有這樣的問題。對一個經常跳槽的人來說，優點之一就是我看過許多不同的團隊工作方式，我本來以為這些問題很正常，直到我在某家公司開始真正地處理這些問題，才發現不是如此。

依循開發者生產力工程的團隊，會透過資料去落實改善開發者體驗的理念，這樣的團隊能改善運行時間漫長而且不可靠的編譯工作。如此一來，不僅團隊更開心，連帶也提高吞吐量，讓業務更高興。

不論團隊使用哪種編譯工具，負責開發人員生產力的人都可以有效衡量編譯效能，並且針對本地編譯和持續整合編譯兩者追蹤個案和迴歸測試。他們花時間分析測試結果，從編譯過程中找出瓶頸。當某個地方出錯，他們會和團隊成員分享測試報告，比較沒有通過測試和通過測試的編譯，從中查出確實的問題是什麼，即使他們無法在自己的機器上重現這個問題。

利用這些資料，他們能落實某些流程最佳化的改善工作，進而減少開發人員所面對的挫折感。這項工作永遠沒有完成的一天，所以只能不斷地進行迭代，維持開發人員的生產力。當然，這不是一件容易的事，但是致力於此的團隊能在最初就避免我所描述的問題發生。

「但是，它可以
在我的機器上執行！」

Benjamin Muschko

你是否曾經加在加入一個新團隊或新專案後，不得不設法編譯自己開發機上的原始程式碼，只因為程式碼需要某個基礎結構才能編譯？你不是唯一遇到這種情況的人，而且你心裡可能曾經冒出過這些疑問：

- 編譯這份程式碼需要哪個版本的 JDK ？

- 如果我是在 Linux 底下執行，但其他人是在 Windows 上執行時，該怎麼辦？

- 你使用哪個 IDE 工具？還有我需要哪個版本？

- 我需要安裝哪個版本的 Maven 資源庫或其他編譯工具，才能在開發人員的工作流程中正常執行？

我希望你問了這些問題之後，得到的答案不是這樣：「讓我看看我的機器上安裝了哪些工具」，而是：每個專案都應該清楚定義一組工具，這些工具相容於編譯、測試、執行和封裝程式碼的技術需求。如果你夠幸運，會有手冊或維基百科記錄這些技術需求，不過，大家都知道，文件很容易過時，需要大家共同努力，才能讓文件裡的指示說明和最新的程式修改保持同步。

現在有更好的方法能解決這個問題。本著基礎架構即程式碼的精神（infrastructure as code），工具供應商提出包裝器作為解決方案，協助提供標準化的編譯工具運行環境，而且不受人為干預的影響。包裝器將下載和安裝運行環境所需要的指示包裝在一起。在 Java 底下，你可以找到 Gradle 包裝器（*https://oreil.ly/CmZP1*）和 Maven 包裝器（*https://oreil.ly/xu50T*）；甚至連其他工具，例如，Google 提供的開放原始碼編譯工具 Bazel 也提供啟動機制（*https://oreil.ly/OY7R7*）。

接著，讓我們看看 Maven 包裝器實際上該如何使用。首先，你必須在機器上安裝 Maven 運行環境，產生所謂的包裝器檔案，用以表示 Maven 運行環境使用的腳本、設定和指令，所有專案的開發人員都要用這個事先定義好的版本來編譯專案。因此，這些檔案應該進一步和 SCM、連同專案的原始程式碼一起發布。

以下程式碼的目的是執行包裝器，由 Takari Maven 外掛程式提供（*https://oreil.ly/s12pO*）：

```
mvn -N io.takari:maven:0.7.6:wrapper
```

以下的目錄結構是典型的 Maven 專案，粗體字標示的部分是展開包裝器目錄下的檔案：

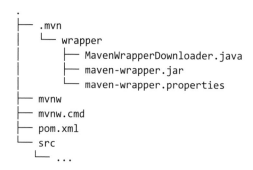

```
.
├── .mvn
│   └── wrapper
│       ├── MavenWrapperDownloader.java
│       ├── maven-wrapper.jar
│       └── maven-wrapper.properties
├── mvnw
├── mvnw.cmd
├── pom.xml
└── src
    └── ...
```

只要適當地利用包裝器檔案，在任何機器上編譯專案是很簡單的事：以 mvnw 腳本執行你希望編譯的目標。腳本會自動確認有安裝 Maven 運行環境，而且是設定在 maven-wrapper.properties 檔案中事先定義好的版本。當然，只有在系統上還沒有這個運行環境時，才會呼叫安裝流程。

以下這個命令所執行的動作是，使用腳本在 Linux、Unix 或 macOS 系統上執行目標的清除（clean）和安裝（install）：

```
./mvnw clean install
```

在 Windows 上則是利用結尾副檔名為 *.cmd* 的批次腳本：

```
mvnw.cmd clean install
```

那麼，在 IDE 環境下或是從持續整合／持續交付（CI／CD）流程，該怎麼執行典型的工作任務？你還會發現其他執行環境也是同樣源自於包裝器定義的程式執行期間設定，你只要確定在這個過程中一定會呼叫包裝器腳本來執行編譯工作。

一旦建立標準化流程,「但是,它可以在我的機器上執行!」就會變成過去式,而且不管在任何環境下都可以編譯程式!將包裝器的概念導入所有 JVM 專案,就能提高編譯流程的可重現性和可維護性。

反對過大的 JAR 的檔案

Daniel Bryant

在現今的 Java 網頁開發裡，除了封裝和執行應用程式以外的想法，過大的 JAR 檔案幾乎變成了邪教分子。然而，編譯和部署這些封裝成品（artifact）存在明顯的缺點。一個明顯的問題是，過大的 JAR 的檔案通常很大，會消耗過多的儲存空間和網路頻寬。此外，龐大的編譯流程可能會花掉很長的時間，導致開發人員在等待編譯工作完成的期間，轉換工作心境。缺乏共享的依賴關係可能會導致實用程式之間的不一致性，例如，紀錄以及整合橫跨各個服務之間的通訊所帶來的挑戰。

隨著微服務風格架構的興起——DevOps 和雲端原生技術，例如，公用雲、容器和使用調度機制（orchestration）的平台，使用過大的 JAR 封裝工具來部署應用程式蔚為風行。應用程式拆解成更小的服務集合，以便於獨立運作和管理；從營運的觀點，將所有應用程式的程式碼綑綁在單一的二位元執行檔裡是很合理的作法。單一封裝成品更容易持續追蹤，而且獨立的執行檔也不再需要執行額外的應用程式服務。然而，某些組織現在逆向操作，正在創造「JAR 檔案瘦身」。

數位行銷工具 HubSpot 開發團隊的工程師已經在一篇部落格文章中討論過上述所列的這些挑戰對其開發生命週期有什麼影響——「我們在 JAR 檔案上犯的錯：為何我們要停止編譯過大的 JAR 檔案」（*https://oreil.ly/WqX2D*）。最終他們建立了一個新的 Maven 外掛程式：SlimFast（*https://oreil.ly/3Kf5Y*）。這個外掛程式和多數 Java 開發人員熟悉的傳統 Maven Shade 外掛程式不同，它將應用程式的程式碼和關聯函式庫分開，據此編譯和上傳兩個獨立的編譯成品。分開編譯和上傳應用程式的關聯函式庫，聽起來似乎很沒效率，但是，只有在關聯函式庫改變時，才會發生這個步驟。許多應用程式使用的關聯函式庫其實不常改變，所以通常不會執行這個步驟；只有少數幾次會上傳封包的關聯函式庫 JAR 檔案到遠端儲存空間。

SlimFast 外掛程式使用 Maven JAR 外掛程式，在指向關聯 JAR 檔案且經過瘦身的 JAR 檔案裡，加入 Class-Path 文件清單的入口，然後產生 JSON 檔案，這份 JSON 檔案裡包含所有和 Amazon S3 有關連的編譯成品的資訊，以便於日後可以下載這些檔案。在部署期間，編譯工作會下載所有和應用程式有關聯的檔案，但是，隨後會將這些編譯成品暫存於每個應用伺服器上，所以這個步驟通常也是不會執行。這一連串動作的最終結果是，在編譯階段，只有被瘦身過後的應用程式 JAR 檔案會上傳到遠端儲存空間，檔案大小通常只有幾百 K 位元組；在部署階段，一樣只有這個被瘦身過的 JAR 檔案會被下載到程式要部署的目標環境，這只需要一瞬間的時間。

DevOps 興起背後的核心想法是，開發和營運團隊（以及所有其他團隊）應該通力合作以實現共同的目標。目標是能持續向最終使用者發布功能，在這個目標範圍內，如何選擇編譯成品的部署格式就是一個重要的決定。為了瞭解這項決定對開發人員的體驗和他們在部署過程中管理呼叫資源的能力會有什麼影響，以及相關需求，每個人都應該協作。

為了編譯成品的儲存空間，SlimFast 外掛程式目前和 AWS S3 綁在一起，但還是可以在 GitHub 上取得程式碼，所有類型的外部儲存空間都可以採用這項原則。

程式碼修復師

Abraham Marin-Perez

> 你永遠都要記住這一點，我們真正想為他工作的人，是現今一百年
> 後要修復作品的人，他才是我們想打動的人。

以上這段文字引用自美國作家 Donna Tartt 的小說《金翅雀》，是其中一
位角色 Hobie 所說的話，他是一位古董家具修復師。我特別感謝這句引
言，因為它完美地表達出我長久以來對程式碼的想法：最好的程式碼就
是能為日後的程式設計師著想的程式碼。

我認為當前的軟體實務工作遭遇到時程太過匆忙所引起的疾病。這樣的
情況非常類似一棵成長於擁擠叢林的樹木，目標是如何從競爭中脫穎而
出。樹木在競爭光線時，通常會過度伸展，讓自己成長為又高又細的樹
木，變得很容易受到一些小干擾的影響，強風或是一點小疾病就能擊潰
它們。我並不是說我們不需要看短期利益（其實我很鼓勵這一點），只
是說不能犧牲長期的穩定性來作為代價。

今日的軟體業就跟這些樹一樣，許多「現代」團隊只關注下週或下個
月，公司奮力掙扎，只為活過新的一天、另一個衝刺，撐過另一個週
期，而且似乎沒有人關心這一點，因為開發人員總是能找到下一個工
作，管理者也是，企業也能在公司失去價值之前就嘗試兌換成現金，連
支持新創公司的風險投資者也是。太多時候，成功的關鍵往往是退場的
時機，只要在人們意識到驚人的成長只是一個腫瘤之前離開。

另一方面，這樣的情況或許沒那麼糟。有些傢俱能持續使用數百年，有
些則可能十年內就毀壞了，所以你可以花費數千美元在蘇富比拍賣會上
買一個瓷器櫥櫃，也可以去 IKEA 購買整個房子所需的傢俱。或許我們
只需要了解當前所創造出來的這種新經濟，在這個環境下萬事萬物稍縱
即逝，短暫即是永恆。我們不能期待資產能持續長久的時間，只要存在
的時間夠長即可，因此，我們不應該創造經得起時間考驗的東西，而應
該轉為創造經得起利潤考驗的東西。

然而，我相信這裡存在一個中繼點，會開始出現一種新角色：程式碼修復師。如果打從一開始就開發某個能永遠持續使用的程式，成本未免過於高昂，而且不值得；可是，只專注於短期利益所開發出來的程式碼，又會被自身存在的問題所壓垮。這時候就是程式碼修復師上場的時刻了，他們的工作不是「重新開發內容相同但是品質更好的東西」（這種願望幾乎一定會遭遇失敗），而是以現有的程式碼為基礎，慢慢地將它們重新塑造為更容易管理的程式碼，加進一些測試、拆除程式碼裡不好看的類別、移除沒有用的功能性，還給程式碼改善過的新面貌。

身為程式設計師，我們必須決定要開發哪種軟體。在某段時間內，我們可以專心開發具有利潤的某個東西，但是，在某些時刻，我們卻不得不在這些因素之間做出選擇：要長久性、要謹慎重新塑造程式碼，或者是要利潤，還是乾脆打掉重練。畢竟，利潤是最基本的要求，但還是有些東西比錢還要重要。

Java 虛擬機器上的並行性

Mario Fusco

最初在 JVM 上，如果要使用並行模型，唯一的方法是利用原始執行緒，時至今日，這仍然是用 Java 寫平行和並行程式時的預設做法。然而，在 25 年前 Java 設計之初，硬體出現劇烈的變化，運行平行處理的應用程式需求降低，並行性的優勢又因為缺少多核心處理器而有所限制——工作任務解耦但不會同時執行。

如今，平行處理的可用性和期望已經讓外顯多執行緒（explicit multithreading）明顯受限，執行緒和鎖（lock）又過於底層：不僅很難正確使用這兩者，若想要理解 Java 記憶體模型甚至難上加難。當執行緒透過共享可變異狀態來溝通時，就不適合大規模平行處理的情況，如果同步處理不正確時，會導致不確定的意外情況發生。更有甚者，即使你的鎖已經安排正確，鎖的目的也會限制執行緒做平行處理，因而降低應用程式平行處理的程度。

由於 Java 不支援分散式記憶體，因此無法在多部機器上橫向擴展多執行緒程式。再說，如果撰寫多執行緒的程式很難，想要進行全面測試幾乎是不可能的事——這些情況經常會演變成維護夢魘。

想要克服共享記憶體的限制，最簡單的方法是透過分散式佇列來協調執行緒，而非用鎖。此處的想法是以傳遞訊息取代共享記憶體的做法，這也能改善解耦的問題。然而，佇列雖然有助於單向溝通，卻可能會引起延遲。

Akka 是因為 Erlang 語言而變得熱門，是一種用於 JVM 上、以演員模型（Actor Model）為基礎的分散式應用，對 Scala 語言的程式設計師來說更為熟悉。每一個演員就是一個物件，只負責處理物件本身的狀態，藉由訊息流執行演員之間的並行處理，因此，可以將這些演員視為一種更結構化使用佇列的方法。演員可以按階層組織，透過監督的方式提供內

建的容錯與恢復能力。不過，演員也有一些缺點：Java 目前缺乏模式配對，所以為定義型態的訊息無法發揮很好的作用；訊息不可變異性有其必要，但 Java 目前無法強制；想要組合其他物件會很棘手，還有演員之間仍然可能出現死鎖的問題。

Clojure 語言則採取不同的方法，其利用內建的軟體事務記憶體（software transactional memory），將 JVM 上的堆積記憶體轉換成一個事務資料組，就像一般的資料庫一樣，資料會以（樂觀的）事務語義進行修改。當每個事務遇到某些衝突時，會自動重試，優點是執行緒不會發生阻塞的情況，消除許多明顯因為同步而引起的相關問題，使其易於組成，再說，許多開發人員都對事務（transaction）很熟悉。不幸的是，這種做法在大規模平行處理系統中效率很差，比較可能出現在並行系統裡。在這些情況下，重試成本會越來越高，而且無法預測效能。

Java 8 Lamda 語法推動在程式碼裡使用函式語言程式設計的特性，例如，不可變異性和引用透明性。演員模型是阻止分享來會降低可變異狀態的不良後果；函式語言程式設計則因為禁止可變異性，讓狀態可以分享。由純粹、無副作用函式所組成的平行化程式碼很簡單，但是比命令式省時的函式語言程式卻可能為垃圾回收器帶來更大的負擔。Lambda 語法還推動在 Java 裡使用反應式程式設計典範，其中包括事件流的非同步處理。

針對並行處理，目前並沒有萬靈丹，但是有許多不同的方法可以選擇和權衡。身為程式設計師的責任就是去了解這些方法，然後為手上的問題選擇一個最適合的處理方式。

CountDownLatch 物件
是朋友還是敵人？

Alexey Soshin

讓我們假想現在有一個情況是，我們要同時啟動多個工作任務，然後等所有任務都完成後再繼續進行下一步。ExecutorService 物件幫助我們輕鬆踏出第一步：

```
ExecutorService pool = Executors.newFixedThreadPool(8);
Future<?> future = pool.submit(() -> {
    // 此處是你要執行的工作任務
});
```

但是，我們要如何等待所有工作任務完成呢？CountDownLatch 物件會對我們伸出援手。CountDownLatch 物件是以呼叫次數作為建構函式的引數，每一個工作任務都有自己的 reference，等工作完成後會呼叫 countDown 方法：

```
int tasks = 16;
CountDownLatch latch = new CountDownLatch(tasks);
for (int i = 0; i < tasks; i++) {
    Future<?> future = pool.submit(() -> {
        try {
            // 此處是你要執行的工作任務
        }
        finally {
            latch.countDown();
        }
    });
}
if (!latch.await(2, TimeUnit.SECONDS)) {
    // 逾時處理
}
```

在上述的範例程式碼中，我們要啟動 16 個工作任務，然後等全部的工作都完成後再進行下一步。然而，要注意以下這幾個重點：

1. 一定要在 finally 這個區塊裡釋放 latch 這個物件，否則，如果發生異常，主要執行緒可能會永遠處於等待的狀態。

2. 利用 await 方法，設定可以接受的逾時時間，這樣一來，就算你忘記做第一點，執行緒也遲早會甦醒過來。

3. 檢查 await 方法的回傳值。如果逾時會回傳 false，否則就是回傳 true，表示所有工作任務均準時完成。

如同之前所提到的，CountDownLatch 物件新建時就會收到計數次數，這個次數值不能增加也不能重置。如果你正在尋找的功能是類似 CountDownLatch 物件但要能重新設定計數次數，則應該改用 CyclicBarrier 物件。

CountDownLatch 物件在許多不同的情況下都能派上用場，尤其是在測試多工程式碼時特別有用，因為這個物件能讓你在檢查工作結果之前，先確定所有工作任務都已經完成。

請思考以下這個真實案例。現在你有代理伺服器和內嵌式伺服器，你想測試：呼叫代理伺服器時，它會在伺服器上呼叫出正確的端點。

顯然，在代理伺服器和內嵌式伺服器兩者啟動之前發出要求並沒有太大的意義。一個解決方案是將 CountDownLatch 物件傳給這兩個方法，只有當兩邊伺服器都準備好之後才繼續測試：

```
CountDownLatch latch = new CountDownLatch(2);
Server server = startServer(latch);
Proxy proxy = startProxy(latch);
boolean timedOut = !latch.await(1, TimeUnit.SECONDS);
assertFalse(timedOut, "Timeout reached");
// 如果通過驗證就繼續測試
```

你只需要確定 startServer 和 startProxy 這兩個方法一旦成功啟動後都會呼叫 latch.countDown 方法。

CountDownLatch 物件雖然非常好用，但是你必須抓到一個重點：在利用多工函式庫或框架的營運版程式碼中，你不應該使用這個物件，像是 Kotlin 語言的協程（coroutine）、Vert.x 或者是 Spring WebFlux。這是因為 CountDownLatch 物件會阻擋多工執行緒，不同的並行模型（concurrency model）無法彼此配合。

宣告式表達是通往
平行計算的道路

Russel Winder

Java 最初是命令式、物件導向型的程式語言,現在確實還是如此。然而,隨著時間不斷發展,Java 在每個階段逐漸演變成一個有越來越多宣告式表達的程式語言。命令式語言的程式碼會明確地告訴電腦要做什麼,宣告式語言的程式碼則是表達目標,以抽象的方式表達要達成的目標。抽象層是程式設計的核心,所以很自然地從命令式程式碼轉移到宣告式程式碼。

宣告式表達的核心是使用高階函式,這些函式會將函式作為參數和 / 或者是回傳函式,這部分原本在 Java 裡並不是那麼必要,但是隨著 Java 8 的出現,便突顯出它的重要性:Java 8 是 Java 發展過程中的轉捩點,允許將命令式表達替換成宣告式表達。

舉個例子(雖然簡單但還是可以表示出主要問題)。我們要寫一個函式,讓函式回傳一個 List,裡面包含函式的參數 List 的平方。如果是命令式表達,我們可能會用以下的寫法:

```java
List<Integer> squareImperative(final List<Integer> datum) {
  var result = new ArrayList<Integer>();
  for (var i = 0; i < datum.size(); i++) {
    result.add(i, datum.get(i) * datum.get(i));
  }
  return result;
}
```

函式在某個底層程式碼上建立抽象層,底層程式碼會對使用它的函式隱藏細節。

在 Java 8 和之後的新版本裡,我們可以用更具宣告式的方法來使用 Stream 抽象層和表達演算法:

```
List<Integer> squareDeclarative(final List<Integer> datum) {
  return datum.stream()
              .map(i -> i * i)
              .collect(Collectors.toList());
}
```

以上程式碼是在更上面的層級表達要做什麼，至於如何執行的細節就留給函式庫去實作，這是很經典的抽象層例子。確實，函式裡的實作已經抽象化而且隱藏起來，但你寧可維護哪一種程式碼：是底層實作的命令式程式碼？還是上層實作的宣告式程式碼？

為什麼這個問題很大？以上這個經典的例子是一個讓人困窘的平行計算，每項結果的評估僅取決於一項輸入，而且沒有耦合。所以，我們可以這樣寫：

```
List<Integer> squareDeclarative(final List<Integer> datum) {
  return datum.parallelStream()
              .map(i -> i * i)
              .collect(Collectors.toList());
}
```

如此一來，函式庫就能從平台獲取最大化的平行處理。因為我們是將如何執行的細節抽象化，僅專注在我們的目標上，所以能把依序進行資料平行處理的做法簡單地轉換成平行處理。

命令式程式碼的平行版本要怎麼寫，就留給有興趣的讀者練習。為什麼？因為對資料平行問題來說，Stream 才是正確的抽象層，採用其他旁門左道都是否定 Java 8 的發展。

提高軟體交付的速度與品質

Burk Hufnagel

更快交付品質更好的軟體是我的指導原則,我強力推薦你跟我一樣採用這項原則,因為它描述了讓使用者開心必須發生的動作。此外(或許更重要的是),依循這項原則可以為你帶來更加愉快、有趣的職涯。要了解這句話的意義,讓我們分別檢視組成這個重要想法的三個部分:

1. **交付**意味著你所承擔的責任不僅是撰寫程式碼和除錯而已,雖然表面上看起來是如此,但老闆不是付錢請你來寫程式,是付錢請你讓使用者能輕鬆完成他們發現有價值的某件事,而且只有當你的程式碼能在生產環境中執行,使用者才能從你辛苦的工作成果中受益。

   將關注的焦點從撰寫程式碼轉移到交付軟體上,你需要理解整體流程,把你所做的修改投入生產環境,然後進行以下這兩個關鍵:

   * 確定你**沒有**做妨礙流程的事,例如,面對模糊的需求,寧可胡亂猜測,也不在實作程式之前搞清楚真正的意思。

   * 確定你**有**做加快流程的事,例如,撰寫自動化測試並且執行測試,展現你的程式碼符合驗收標準。

2. **品質更好的軟體**象徵兩個你應該已經很熟悉的概念:「做對的事情」和「把事情做對」。前者是確保你所撰寫的程式符合所有需求條件和驗收標準,後者表示你要寫出能讓其他程式人員輕鬆理解的程式碼,這樣他們日後才能為這個程式碼成功修正問題或是新增功能。

這聽起來好像很容易做到,尤其是在依循測試驅動開發這類實務做法的環境下應該不難,然而,許多團隊往往會偏到某個方向或其他方向去:

* 其他非程式設計師的人為了更快交付新功能,可能會逼迫開發人員走捷徑,承諾日後再回頭來「把事情做對」。

- 剛學到某個技術的程式設計師有時候會努力試著將所學到的東西應用在所有的工作上，即使他們知道還有更簡單的解決方案可以用。

  不管是上述的哪個情況都會失去平衡，產生的技術債務會拉長你的開發時間，延後提供價值給使用者，直到你又重新獲得平衡為止。

3. **更快**是針對交付和**品質更好的軟體**這兩者。這是十分具有挑戰性的目標，因為當人們嘗試快速完成複雜工作時，往往容易犯錯。對我來說，明顯的解決方案包括：

- 利用測試驅動開發這類的流程，建立自動化測試，然後定期自動執行單元測試、整合和使用者接受度測試，以驗證系統行為。

- 建立一套自動化流程並且執行，這套流程會在多個環境下執行所有測試，假設所有測試都通過了，流程會將程式碼部署到生產環境下。

  上述這兩個流程都會執行很多次，而且需要非常注意細節——只不過電腦完成工作的速度比人類更快，而且更精確。我還有一個建議：更頻繁地將你所做的修改部署到生產環境，這樣每次所部署的內容就不會有太多的修改項目，因此能降低問題出現的機率，讓使用者更快從你的工作獲益。

採用**更快交付品質更好的軟體**作為指導原則，同時帶來挑戰性和樂趣。這需要你投入時間去找出所有需要處理的環節並且加以修正，但日後所獲得的回報值得你這麼做。

你知道現在幾點嗎？

Christin Gorman

北歐 Scandinavian 航空公司的飛機從挪威奧斯陸起飛後，會在週一幾點抵達希臘雅典？為什麼日常生活中看似容易的問題，到了程式設計環境下就變得如此困難？時間應該是某個簡單而且電腦非常擅長、只需要幾秒就能計算的資料：

```
System.currentTimeMillis() = 1570964561568
```

結果雖然正確，但 **1570964561568** 不是我們想要的結果。當我們詢問現在幾點時，會偏好得到這樣的答案：2019 年 10 月 13 日，下午 1 點 15 分。

事實證明，時間區分成兩件事。一方面，時間是幾秒就過去的事；另一方面，時間是天文學和政治學結合的不幸婚姻，所以要回答「現在幾點嗎？」這個問題，取決於你現在所在位置的天空裡，太陽在哪個位置，還有在那個時間點，你所在區域做出的政治決策。

在程式碼中使用日期和時間，遇到的許多問題都是混合了這兩個概念，現在只要用最新的函式庫 `java.time`（或是用 .NET 底下的 Noda Time，*https://nodatime.org*），就可以幫助你解決這些問題。這三個主要概念有助於正確推斷出時間：`LocalDateTime`、`ZonedDateTime` 和 `Instant`。

`LocalDateTime` 類別的概念是 2019 年 10 月 13 日，下午 1 點 15 分，這些時間、日期是時間軸上的任意數字。`Instant` 類別的概念是時間軸上的特定一點，美國波士頓和中國北京相同，如果要將 `LocalDate` 類別的時間轉換成 `Instant`，就需要 `TimeZone` 類別，含有該時間點的世界協調時間（Coordinated Universal Time，UTC）時差和日光節約時間（daylight saving time，DST）規則。`ZonedDateTime` 類別是 `LocalDateTime` 類別加 `TimeZone` 類別。

那麼，你該使用哪一個類別呢？裡面可是有很多陷阱，讓我舉幾個情況來說明。假設我們現在手上寫的軟體是要安排一個國際研討會，你覺得以下的程式碼可以用嗎？

```
public class PresentationEvent {
  final Instant start, end;
  final String title;
}
```

不行。

雖然我們需要表示時間軸上的特定點，但是就未來的事件，即使我們知道時間和時區，也無法提前知道未來事件的時刻，因為日光節約時間規則或世界協調時間的時差可能不時會發生改變，所以我們需要 ZonedDateTime 類別。

那麼，像飛行航班這種定期發生的事件如何？以下的程式碼可以用嗎？

```
public class Flight {
  final String flightReference;
  final ZonedDateTime departure, arrival;
}
```

也不行。

這種情況一年會發生兩次失敗。請想像一下，有一班飛機在週六晚上 10 點起飛，在週日早上 6 點抵達，當我們因為日光節約時間而將時鐘往前調一小時，此時會發生什麼事？除非飛機多花一個小時在天空做無意義的盤旋，否則飛機會在早上 5 點降落，而不是 6 點；如果我們往前提一小時，飛機會在早上 4 點抵達。對於這種會持續一段時間的重複性事件，而且又無法同時修正開始和結束時間的情況，就需要以下的程式碼：

```
public class Flight {
  final String flightReference
  final ZonedDateTime departure;
  final Duration duration;
}
```

那麼，凌晨 2 點 30 分開始的事件呢？會發生哪一種情況？有可能兩種都會發生，或者可能根本不存在。以下這些方法可以讓 Java 處理秋季的 DST 轉換：

```
ZonedDateTime.withEarlierOffsetAtOverlap()
ZonedDateTime.withLaterOffsetAtOverlap()
```

.NET 底下的 Noda Time 則是利用 Resolver 方法，直接指定兩種情況下的 DST 轉換。

這裡我只有稍微提幾個表面上可能發生的問題，但是就像有人說的，用對工具等於完成一半的工作。使用 java.time 函式庫（或 Noda Time），你已經為自己省去發生大量錯誤的可能性。

別讓整合開發環境
掩蓋必備的開發工具

Gail Ollis

每一位 Java 程式設計師都需要的必備工具是什麼？是 Eclipse？IntelliJ IDEA？還是 NetBeans？不，都不是，是 *javac*；沒有它，你擁有的只是奇怪文字的檔案。如果你去問那些跟我一樣、從舊時代開始從事程式設計的人，沒有整合開發環境（integrated development environment，IDE），我們還是可以工作；但是，沒有必備的開發工具，我們就無法進行程式設計的工作。

雖然知道這些必備工具是工作的核心，然而，令人驚訝的是，一般人很少直接使用 *javac* 這類的工具。知道如何有效率地使用 IDE 固然重要，但關鍵是要了解 IDE 在做什麼及其運作方式。

很久以前，我曾經開發過一個專案，這個專案有兩個子系統，一個用 C++ 寫，另外一個用 Java 寫；C++ 程式設計師選擇用編輯器和命令列工作，Java 程式設計師則採用 IDE。有一天，和版本控制系統互動的通關密語改變了，對 C++ 程式設計師來說，只要在命令列做一個簡單的修改就能繼續工作，完全沒有耽誤工作時程；另一邊的 Java 團隊則花了一整個早上的時間跟 Eclipse 的環境配置角力，終於在下午回到工作的行列。

這個不幸的故事雖然無法完全反映出 Java 團隊對自己所選擇的工具，他們的掌握程度有多高，但還是能展現出一點：團隊每天都只在 IDE 環境下工作，他們在日常工作中和**必備**工具之間的距離有多遙遠。隱藏資訊是一項重要的原則，確實能讓我們專注在有用的抽象層上，而非拘泥於大量的細節，但還是要有所取捨，和我們的工作有關聯時就要鑽研細節，而非對一切細節一無所知。

完全依賴 IDE，可能會削弱程式設計師對工具的掌握程度，因為 IDE 會刻意隱藏基本細節，而且一旦完成 IDE 的配置後（通常都只是跟著某個人的指示），很快就會忘記。此外，知道如何直接使用必備工具還有很多好處：

- 如果你能了解工具、原始程式碼、其他資源和產出檔案之間的關聯性，發生「但是，它可以在我的機器上執行！」這種情境的可能性較低而且比較容易解決。此外，這也有助於你知道安裝檔所要封裝的內容。

- 設置不同選項時非常快速、容易，從 `javac -help` 這類的命令開始，就能看到這些選項的操作說明。

- 協助使用不同環境的人進入情況時，熟悉基本工具非常有用。當某個環節出錯時，這點也很有幫助；但是，整合工具罷工時，很難排除故障。命令列的可視性較好，而且可以將各個流程獨立開來，就跟程式碼除錯的時候一樣。

- 擁有種類更豐富的工具組。你不僅可以使用 IDE 本身支援的那些工具，還可以將任何具有命令列介面（例如，腳本或 Linux 命令）的工具整合進來。

- 終端使用者不會在 IDE 環境下運行你的程式碼！為了獲得良好的使用者體驗，測試從一開始就會在使用者的機器上執行程式碼。

綜合以上這幾點，我們不否認 IDE 確實能帶來好處，但是你要真正熟練技藝、了解手上的必備工具，而且不要讓這些工具生鏽。

不要更改你的變數

Steve Freeman

我嘗試將更多的變數宣告為 final，因為我發現這樣會比較容易推出不可變的程式碼，讓我的程式人生更加輕鬆，這點對我來說是最高準則。我已經花了太多時間在這上面，一直嘗試想真正地搞清楚一整塊程式碼裡，某個變數的內容是如何改變。當然，相較於某些其他程式語言，Java 對不可變異性的支持確實更為有限，然而，我們還是可以做一些事情來努力。

指定一次

以下這個小型範例的結構隨處可見：

```
Thing thing;
if (nextToken == MakeIt) {
    thing = makeTheThing();
} else {
    thing = new SpecialThing(dependencies);
}
thing.doSomethingUseful();
```

對我來說，這些陳述式不可避免，我們在使用 thing 這個變數之前，要先幫它設定一個值而且不再改變。我還花了一點時間看過整個程式碼，檢查它不會變成空值。當我們需要新增更多的條件式卻無法完全正確地掌握邏輯時，這會變成一場等待發生的意外。現在的 IDE 會針對未設定的變數提出警告，可是大部分的程式設計師都忽視這類的警告訊息。以下是第一種修正方式，我們改利用條件運算式：

```
final var thing = nextToken == MakeIt
                ? makeTheThing()
                : new SpecialThing(dependencies);
thing.doSomething();
```

在以上這個程式碼中，唯一要做的事就是指定一個值給變數 thing。

下一步就是將這個行為包裝在一個函式裡，並且給這個函式一個描述性
名稱：

```
final var thing = aThingFor(nextToken);
thing.doSomethingUseful();

private Thing aThingFor(Token aToken) {
    return aToken == MakeIt
            ? makeTheThing()
            : new SpecialThing(dependencies);
}
```

現在我們可以很清楚地看到變數 thing 的生命週期。以上這個重構程式
碼顯示，變數 thing 只能用一次，所以我們可以刪除這個變數：

```
aThingFor(aToken).doSomethingUseful();
```

萬一無法避免情況變得更複雜，這個方法可以讓我們做好準備；請注
意：以下這個 switch 陳述式的內容經過簡化，所以不需要重複 break
子句：

```
private Thing aThingFor(Token aToken) {
    switch (aToken) {
        case MakeIt:
            return makeTheThing();
        case Special:
            return new SpecialThing(dependencies);
        case Green:
            return mostRecentGreenThing();
        default:
            return Thing.DEFAULT;
    }
}
```

變數區域化

以下程式碼是另外一種變化：

```
var thing = Thing.DEFAULT;
// lots of code to figure out nextToken
if (nextToken == MakeIt) {
    thing = makeTheThing();
}
thing.doSomethingUseful();
```

這個情況更糟，因為變數 thing 的各個指定值不在一起，甚至可能發生沒有指定值的情況。同樣地，我們再次從以上的程式碼萃取出一種支援方法：

```
final var thing = theNextThingFrom(aStream);

private Thing theNextThingFrom(Stream aStream) {
    // lots of code to figure out nextToken
    if (nextToken == MakeIt) {
        return makeTheThing();
    }
    return Thing.DEFAULT;
}
```

另外，你也可以進一步分離關注點：

```
final var thing = aThingForToken(nextTokenFrom(aStream));
```

任何變數區域化後就能預測出上層程式碼，變化出另外一種支援方法。有些程式人員不習慣這樣的做法，最後我們還可以嘗試以下這種串流方法：

```
final var thing = nextTokenFrom(aStream)
                    .filter(t -> t == MakeIt)
                    .findFirst()
                    .map(t -> makeTheThing())
                    .orElse(Thing.DEFAULT);
```

我經常發現，每當我嘗試鎖定任何不變的內容，都能讓我更加詳細思考自己所設計的程式，因而去除可能發生的臭蟲，迫使我搞清楚可以改變哪個地方，並且將這個行為區域化。

擁抱 SQL 思維

Dean Wampler

首先讓我們一起來看看以下這個查詢：

```
SELECT c.id, c.name, c.address, o.items FROM customers c
JOIN orders o
ON o.customer_id = c.id
GROUP BY c.id
```

在以上的查詢裡，我們得到所有下訂單的顧客資料，包含他們的姓名和
地址，還有訂單的詳細資訊。任何稍具 SQL 經驗，甚至包含非程式設計
師的人都能理解這四行程式碼所要做的查詢內容。

現在讓我們一起思考如何以 Java 實作。我們可能會先宣告兩個類別來處
理顧客和訂單：Customer 和 Order，我還記得那些顧問出於好意的告訴
我們，應該建立類別來封裝這兩個類別的集合，不要「直接赤裸裸地使
用」Java 集合。此外，我們還需要查詢資料庫，所以我們導入一個物件
關聯映射工具（object-relational mapper，ORM），並且為此撰寫相關程
式碼。剛剛的四行程式碼迅速暴增為數十、甚至是數百行程式碼，原本
只要花幾分鐘就能完善 SQL 查詢的程式碼，變成需要數小時或數天的時
間，才能完成編輯程式碼、撰寫測試單元、審查程式碼等等的工作。

難道我們不能只用 SQL 查詢來實作這整個解決方案？我們**確定**這樣不
行嗎？就算真的辦不到，我們可以不要浪費這麼多時間和心力，只要寫
最基本的程式內容嗎？讓我們一起來思考 SQL 查詢的品質：

不需要為了整合結果而建立一個新的表格。

應用物件導向程式設計的概念時，最大的失敗點就是一直深信應該
在程式碼裡，忠實重現領域模型（domain model）。有一些核心型態
的定義確實對封裝和理解很有幫助，除此之外，我們所需要的就只
有 tuple、set、array 等等幾個資料結構，不必要的類別會變成程式
碼發展時的負擔。

宣告式查詢。

程式碼裡沒有地方會告訴資料庫要如何查詢，只會說明資料庫必須滿足哪些關聯限制。Java 是一種命令式語言，寫出來的程式碼往往是告訴程式要做什麼。相反地，我們應該宣告限制條件和想要的結果，然後將實作方法獨立到另外一塊程式碼，或者委派給一個函式庫，讓它幫我們實作。SQL 跟函式語言程式設計一樣，屬於宣告式語言。在函式語言程式設計裡，程式利用可組合的基本型態（例如，*map*、*filter*、*reduce* 等等）來達到跟宣告式實作一樣的效果。

領域特定語言非常適合問題。

領域特定語言（domain-specific language，DSL）具有某些爭議，因其很難設計出好程式，實作內容又雜亂。SQL 就屬於一種資料領域特定語言，獨特但又長壽地足以證明其能適當地表達典型的資料處理需求。

所有應用程式實際上都是資料應用，不管我們是否抱持這樣的想法，我們所撰寫的一切程式碼歸根究柢都是資料處理程式。只要擁抱這個事實，不需要的內容就會暴露出自己的面貌，讓你只寫出必要的程式碼。

處理 Java 元件之間的事件關係

A.Mahdy AbdelAziz

在 Java 裡，物件導向的核心概念之一是，每個類別都可以視為一個元件，元件可以擴展或納入以形成更大的元件，就連最後的應用程式也能視為一個元件。元件就像樂高積木塊一樣，可以組建出更大的結構。

Java 中的一個事件就是一個動作，負責改變元件的狀態。例如，假設你的元件是一個按鈕，那麼點擊按鈕就是一個事件，負責改變按鈕的點擊狀態。

Java 事件不一定只會發生在視覺元件上，例如，USB 元件發生的事件是連接裝置，或者網路元件發生的事件是傳輸資料。事件的作用是讓元件之間的依賴關係脫鉤。

假設我們有一個**烤箱**元件和一個**人類**元件，這兩個元件是同時存在，而且彼此獨立運作。我們不應該把**人類**當作是**烤箱**的一部分，反過來說也是，**烤箱**不應該是**人類**的一部分。現在我們要建造智慧房子，希望**烤箱**在**人類**肚子餓的時候準備食物。此處有兩種可能的實作方法：

1. **烤箱**在短時間內定期跟**人類**確認。如果我們希望**烤箱**檢查多個**人類**實體，這樣不僅會讓**人類**感到困擾而且成本昂貴。

2. **人類**附加一個公有事件「**飢餓**」，這個事件可以訂閱**烤箱**。一旦觸發**飢餓**事件，就會通知**烤箱**開始準備食物。

上述第二個解決方案是利用事件架構，有效率地處理元件之間的監聽與溝通，**人類**與**烤箱**之間並沒有直接連結。因為是由**人類**觸發事件，任何像**烤箱**、**冰箱**和**桌子**這類的元件只需要監聽事件，不需要由**人類**進行任何特別的處理。

對 Java 元件來說，實作事件的做法可以採取不同的形式，取決於我們希望如何處理事件。現在我們要在**人類**元件中實作最基本的 Hunger Listener，首先要建立一個 Listener 介面：

```
@FunctionalInterface
public interface HungerListener {
    void hungry();
}
```

然後在**人類**類別裡，定義一個 List 來儲存 Listener：

```
private List<HungerListener> listeners = new ArrayList<>();
```

接著，定義一個 API，插入一個新增的 Listener：

```
public void addHungerListener(HungerListener listener) {
    listeners.add(listener);
}
```

再建立一個類似的 API，作為移除 Listener 之用；還有新增一個觸發飢餓動作的方法，通知所有事件的 Listener：

```
public void becomesHungry() {
    for (HungerListener listener : listeners)
        listener.hungry();
}
```

最後，從**烤箱**類別新增程式碼，負責監聽事件，當事件被觸發時就實作應該採取的動作。

```
Person person = new Person();
person.addHungerListener(() -> {
    System.err.println("The person is hungry!");
    // 此處是烤箱採取的動作
});
```

來測試看看：

```
person.becomesHungry();
```

對於完全解耦的程式碼，最後一部分應該獨立放在另外一個類別裡；這個類別含有**人類**和**烤箱**的實體，並且負責處理這兩個元件之間的邏輯。同樣地，我們可以為**冰箱**、**桌子**等等元件新增其他動作，只要**人類**觸發 becomesHungry 事件，這些元件全都會收到通知。

回饋循環

Liz Keogh

- 因為我們的產品經理不知道他們的需求是什麼，所以他們就從顧客那裏去找需求，有時候就會產生誤解。

- 因為我們的產品經理對系統一無所知，所以他們就邀請其他專家作為專案的利害關係人，而利害關係人產生誤解。

- 因為我不知道要寫什麼程式，所以我就從產品經理那裏去找需求，有時候就會產生誤解。

- 因為我在寫程式的過程中會出錯，所以我使用 IDE 環境工作；當我出錯時，IDE 會幫我修正。

- 因為我對現有的程式碼理解錯誤，所以我使用靜態類型的程式語言；當我出錯時，編譯器會幫我修正。

- 因為我在思考時會出現錯誤的想法，所以我跟其他夥伴一起工作；當我出錯時，夥伴會糾正我。

- 因為我和工作夥伴都是人，而且也都會犯錯，所以我們撰寫單元測試；當我們出錯時，單元測試會幫我們修正。

- 因為我們團隊的其他成員也在寫程式碼，所以我們會將自己的程式碼和他們的程式碼整合在一起；如果我們出錯，程式碼就無法編譯。

- 因為我們的團隊會出錯，所以我們撰寫驗收測試（Acceptance Test）來運行整個系統；如果我們出錯，驗收測試就會失敗。

- 因為我們撰寫驗收測試時發生錯誤，所以我們找了三個朋友一起討論；如果我們出錯，朋友會告訴我們。

- 因為我們會忘記執行驗收測試，所以讓編譯程序幫我們執行測試；如果我們出錯，編譯程序會告訴我們。

- 因為我們無法考慮到每一種情況,所以我們讓測試人員探索系統;如果我們出錯,測試人員會告訴我們。

- 因為我們只在 Henry 的筆記型電腦上執行過程式,所以我們將系統部署到現實環境中;如果我們出錯,測試會告訴我們。

- 因為我們有時候會誤解產品經理和其他利害關係人,所以我們會展示系統;如果我們出錯,利害關係人會告訴我們。

- 因為我們的產品經理有時候會誤解想要系統的人的需求,所以我們將系統投入營運環境;如果我們出錯,這些需要系統的人會告訴我們。

- 因為人們注意到事情出錯的機率比正確高,所以我們不只會依賴意見,還會分析資料;如果我們出錯,資料會告訴我們。

- 因為市場不斷變化,即使我們以前的看法或做法是對的,最後還是會出錯。

- 因為我們花錢犯錯而買到教訓,所以我們要盡可能多多犯錯,這樣日後就只會犯一點點錯。

- 不用擔心你怎麼做對了,而是要擔心你怎麼知道這是錯的,還有擔心發現錯誤時,修正錯誤的難易程度,因為有可能越修越錯。

- 犯錯是正常的事。

在所有引擎上燃起火焰

Michael Hunger

傳統的 Java 剖析器要確認程序花了多少時間，不是採用位元組碼儀器，就是用取樣分析法（收集短時間內的堆疊追蹤），這兩種方法本身都有偏差和詭異之處。想要理解這些剖析器的輸出結果，其本身就是一門藝術，而且需要一定程度的經驗。

幸運的是，Netflix 的效能工程師 Brendan Gregg（*https://oreil.ly/dhd5O*）推出一個稱為火焰圖（*flame graph*，*https://oreil.ly/2kCDd*）的工具，這種獨創的分析圖非常巧妙，可以從幾乎所有的系統裡收集堆疊追蹤。

火焰圖會就每個堆疊層級收集到的堆疊追蹤進行排序與彙整，每個層級計算出來的結果代表那個部分的程式碼所花的時間佔總時間的百分比，然後將每個部份的結果繪製成實際的區塊（矩形），每個區塊的寬度會和時間百分比成正比，並且將這些區塊互相堆疊，事實證明這是非常有用的工具。

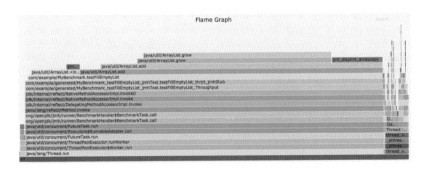

由下到上的「火焰」代表：從程式或執行緒的進入點（**main** 或事件迴圈）到執行完畢後離開的進展情況。請注意，火焰圖中由左到右的順序沒有任何意義，通常只是按照字母排序，火焰的顏色也是一樣，只有火焰的相對寬度和堆疊深度有關聯。

從火焰圖你可以立即看出，程式花在某些部分的時間是否多到超出預期。圖中出現的火焰越高，就表示情況越糟，尤其是哪種尖端非常寬的火焰，看到這種火焰你就知道找到程式的瓶頸了，而且是那種無法委派到其他地方的工作。修正問題之後請重新測量，如果影響整體效能的問題依舊存在，請重新檢視火焰圖，從中找出新的指示方向。

為了解決傳統剖析器的缺點，現在有許多工具會利用 JVM 內部的功能——AsyncGetCallTrace，讓剖析器能收集安全點外的堆疊追蹤。此外，這些剖析器還會衡量 JVM 運作以及原生程式碼和系統兩者呼叫作業系統的程序，這樣就能收集花在網路、輸入 / 輸出（I/O）或垃圾回收機制上的時間，讓它們也變成火焰圖的一部分。

現在有一些工具能收集資訊並且產生火焰圖，例如，Honest Profiler、perf-map-agent、async-profiler，甚至連 IntelliJ IDEA 都有支援這方面的功能，這些工具都非常容易使用。

在大部分的情況下，你只需要下載這些工具，提供 Java 程序 ID（process ID，PID）給工具，然後執行一段時間，就能產出互動式可縮放向量圖（scalable vector graphics，SVG）：

```
# 針對你的作業系統環境，下載和解壓縮 async 剖析器的檔案
# 檔案下載處：https://github.com/jvm-profiling-tools/async-profiler
./profiler.sh -d <duration> -f flamegraph.svg -s -o svg <pid> && \
open flamegraph.svg -a "Google Chrome"
```

這些工具產出的 SVG 圖不僅色彩豐富，而且具有互動性，你可以放大圖中的各個部分、搜尋符號等等。

火焰圖是令人印象深刻的強大工具，可以讓你針對程式效能特性，迅速了解整體概況；還能讓你立即看出程式熱點，進而專注處理這些熱點。納入非 JVM 的面向，也有助於發展更大的願景。

遵循乏味無趣的標準

Adam Bien

Java 時代發展初期，市面上有數十種不相容的應用伺服器，這些伺服器供應商遵循完全不同的規範，有些伺服器的部分實作甚至採用像 C++ 這類的原生語言。當時要了解多種伺服器非常困難，更不用說要將應用程式從一台伺服器移植到另外一台服務器上，這幾乎是不可能的事。

後來出現了一些 API，像是 JDBC（於 JDK 1.1 版導入）、JNDI（於 JDK 1.3 版導入）、JMS、JPA 或 Servlet，開始針對已經開發出來的產品進行抽象、簡化和統一。EJB 和 CDI 框架讓提供部署與程式設計模型的供應商能開發跨平台的產品。J2EE、後來發展的 Java EE、乃至於目前的 Jakarta EE 和 MicroProfile 都定義，一台應用程式伺服器必須至少實作一組 API。隨著 J2EE 問世，開發人員只要知道一組 J2EE API，就能開發和部署應用程式。

儘管伺服器的發展日新月異，J2EE 和 Java EE API 依舊可以相容。你永遠不需要轉移應用程式，也能在新版本的應用程式服務器上運行，甚至能無痛升級到更新版本的 Java EE，你只要重新測試應用程式，不需要重新編譯，只有當你想利用新版本的 API 時，才需要重構應用程式的程式碼。導入 J2EE 後，開發人員可以同時掌握多台應用程式伺服器，但不需要深入研究每一台伺服器的規格。

Web / JavaScript 生態系統目前出現非常類似的情況，像 jQuery、Backbone.js、AngularJS 1、Angular 2+（和 AngularJS 1 完全不同）、ReactJS、Polymer、Vue.js 和 Ember.js 這類的框架，依循完全不同的程式慣例和典範，演變成開發人員很難同時掌握多種框架。於是，開始出現許多框架的目標是解決不同瀏覽器之間不相容的問題。隨著瀏覽器之間擁有出奇高的相容性，框架開始支援資料綁定、單向資料流，甚至支援相依性注入（dependency injection）這種 Java 企業版功能。

同一時間，瀏覽器不僅提高相容性，還提供了以前只有第三方框架才有的功能。所有瀏覽器都可以使用功能 querySelector，還提供和 jQuery 函式庫裡 DOM 元素存取能力相當的功能性；Web 元件搭配 Custom Element、Shadow DOM 和範本，讓開發人員定義新元素，以納入介面和行為，甚至能建立整個應用程式的結構。ECMAScript 6 出現後，JavaScript 變得與 Java 更像，ES6 可以選擇性整合一些模組；MDN 框架（Mozilla Developer's Framework）努力聯合 Google、Microsoft、Mozilla、W3C 和 Samsung，為網頁標準提供歸宿。

現在我們不用框架也能開發前端程式，瀏覽器在向下相容性上擁有出色的歷史紀錄。不管怎樣，所有框架都必須使用瀏覽器 API，學習這些標準還能讓你更加了解框架。只要瀏覽器不導入任何重大更新，你只要依靠網頁標準，不需要任何框架就足以讓你的應用程式持續下去。

隨著時間關注這些標準，你也會逐步獲得一些知識，這是一種有效率的學習方法。評估當下流行的框架雖然令人興奮，但你所獲得的知識卻不一定能應用在下一個「熱門的東西」上。

提高發布的頻率
可以降低風險

Chris O'Dell

在談論持續交付這項主題時，總是會出現某句話——「提高發布的頻率可以降低風險」。這句話究竟是指什麼樣的情況？聽起來好像違反直覺。確實，一般人會覺得提高發布的頻率不是應該會在生產環境中引入更多的變動性嗎？不是應該盡可能延後發布並且多花一點時間測試，才能確保套裝軟體的可靠度嗎？現在讓我們一起來思考一下，什麼是風險。

何謂風險？

風險是指發生失敗時，伴隨最糟情況的可能性：

風險 ＝ 失敗機率 × 失敗時伴隨最糟情況的影響

因此，極低風險的活動是指那些極度不可能發生失敗的情況，而且失敗時所造成的影響可以忽略不計。低風險活動還包括那些發生的可能性不高或造成衝擊不大的情況，會大幅降低其他方面的影響。

買樂透的風險很低：失敗（也就是沒中獎）的機率雖然很高，但是失敗（也就是輸掉彩券的成本）的影響很小，所以買樂透幾乎沒有不良後果。

飛行的風險也很低，因為以相反的方式平衡影響因素。飛機發生故障的可能性非常低（具有非常好的飛行安全記錄），但是發生事故所帶來的影響卻非常高，儘管如此，我們還是經常飛行，因為我們認為飛行的風險非常低。

高風險活動是指這兩方面風險都很高的產品——極有可能發生故障和造成嚴重影響。例如，極限運動、免費的單人攀岩和洞穴潛水。

發布頻率不高的大型版本具有更高的風險

將一組修改內容彙整到同一個檔案裡一起發布，會增加發生故障的可能性，因為同時更新很多修改內容。

失敗時伴隨最糟情況的影響包括，發布內容導致故障或是損失嚴重資料，發布版本裡的每個修改都可能會導致這種情況發生。

嘗試測試每個失敗的反應結果是很合理的做法，但我們不可能這麼做，除非我們已經遇過某種情況（「未知的未知」）；我們只能測試已知的情況，但是無法測試未知的情況。

這並不是說測試本身沒有意義，反而應該說，測試是確保我們所做的修改沒有破壞預期的已知行為。棘手的是，我們要在這兩者之間取得平衡──一方面要針對可能發生故障的情況進行全面測試，另一方面又要考量執行和維護測試所花費的時間。

建立一套自動化測試套件，防止我們已經知道的故障情況發生，然後每次遇到新的故障時，就把這個情況新增到測試套件裡。增加套件的回歸測試，但又要保持測試輕量、快速而且可以重複執行。

不管你做了多少測試，唯有發布到生產環境下才算成功。頻繁地發布小型內容降低失敗的可能性，也就是說要盡可能讓每次的發布內容包含小型的修改，就能降低每次發布版本含有故障的可能性。

雖然無法減少故障所帶來的影響，發布版本發生最糟的情況時，仍然可能會癱瘓整個系統並且導致嚴重的資料損失，但是，發布比較小的修改版本來是能降低整體風險。

釋出小型修改通常能降低失敗的可能性，因而改變風險。

從解決難題到開發產品

Jessica Kerr

當年我一頭栽進軟體的世界裡,是因為我覺得寫程式這件事很容易。那時我一整天都在解決難題,在五點三十分回家,然後和朋友一起出去玩。二十年後,我依舊待在軟體領域裡,是因為軟體很難。

因為很難,所以我從解決難題轉向開發產品,從執著於追求正確性轉向找出最佳的修改方式。

在職業生涯初期,我專注於某個系統領域,團隊領導者會給我新功能的需求條件,我定義這為「正確性」,只要程式碼正確達標,我的工作就完成了。

那時我使用的方法受到限制:團隊採用 C 語言,搭配標準函式庫和Oracle。為了獲得加分,我們讓程式碼看起來跟其他人一樣。

幾年內,我的視野變得開闊:我遇到客戶並且參與設計和實作之間的協商工作。如果某個特定的新功能讓程式碼朝困窘的方向發展,我們會向客戶提供其他建議來解決相同的問題。所以,現在我的工作是協助定義難題,並且解決難題。

解決難題是先決條件,但不是我的本業。我的本業是為組織的其他部門(或整個世界)提供一種能力,透過操作有用的產品來達成這個目的。

難題的目標是達到最終狀態,就跟打棒球一樣,難題也有固定結局。產品的目標是繼續發揮作用,跟棒球職涯一樣,選手希望持續比賽。

難題跟桌遊一樣,已經先定義好一些方法。面對不斷成長的產品,我們擁有眾多的函式庫和服務,協助我們解決了許多難題。這更像是一種想像力的遊戲,將所有資源開放給我們,看我們能找到什麼。

後來我在職涯發展上開闊了視野。

當我推動令人滿意的程式碼時，這只是一切工作的開始。我想要的不只是修改程式碼：目標是致力於修改系統。應用程式裡的新功能必須搭配目前的系統一起運作，我跟負責這些系統的人一起工作，協助他們開始使用新功能。

現在，我的工作是設計修改的方式，而不是撰寫程式碼，程式碼屬於細節的部分。

設計修改的方式代表功能旗標、向下相容性、資料轉移和逐步部署，意味著我們要進行文件化、提供有用的錯誤訊息，並且和相鄰團隊有社交接觸。

額外好處：這樣我們不是就會去處理所有那些用於功能旗標、廢棄不用的方法和向下相容性的 if 陳述式嗎？讓這些陳述式都不再醜陋，畢竟它們的目的是傳達修改，修改才是我們的重點，而不是程式碼的某個特定狀態。

變更設計意味著建立能見度，這樣我才能告訴某個還在使用廢棄功能的人，告訴他們可以從新功能中獲得價值。解決難題時，我不必擔心人們是否喜歡這個功能，甚至不必擔心這個功能是否已經存在生產環境下，我非常在意產品的發展，從生產的經驗裡，學習如何使產品更有用。

產品沒有一種定義叫做「正確」，許多事情不存在絕對的正確性，所以我們對於「沒有壞掉」的情況要抱持謹慎的態度，在這個想法背後，目標是致力於讓產品「更好」。

相較於解決難題，以不同方式發展產品是很難的事。除了努力工作後的成就感，還存在因為曖昧模糊、政治性和環境背景所產生的工作爛透了的苦惱。然而，工作上的回報不僅僅是一種感覺：它會對你的公司乃至於整個世界產生真正的影響，這比平常的樂趣更令人滿足。

「全端開發人員」
是一種心態

Maciej Walkowiak

2007 年，我開始以 Java 開發人員的身分從事第一份工作，每天的工作就是開發網頁，涉及的技術範圍十分狹窄，在大部分的情況下，開發人員唯一要知道的資料庫型態就只有關聯資料庫。前端開發僅限於 HTML 和 CSS，再加上一點 JavaScript。Java 開發本身意味著，主要是使用解決方案 Hibernate 搭配 Spring 或 Struts。這套技術幾乎涵蓋了當時開發應用程式需要的一切技術，大多數的 Java 開發人員實際上都是全端開發人員，雖然當時還沒有創造出這個術語。

從 2007 年開始，情況有了重大的變化。我們開始建立越來越複雜的使用者介面，利用進階的 JavaScript 框架來處理這些複雜性；現在我們使用非關聯資料庫——NoSQL 資料庫，裡面的每一種資料庫幾乎都跟其他資料庫有很大的差異；我們利用 Kafka 平台處理串流資料，利用中介軟體 RabbitMQ 處理訊息等等更多的工作。在許多情況下，我們還使用 Terraform 或 CloudFormation，負責設置或維護基礎架構，使用或者甚至是配置 Kubernete 集群。整體複雜性之高，已經成長到我們將職務分成前端工程師、後端工程師和 DevOps 工程師，在這種情況下，我們還有可能成為一名全端開發人員嗎？其實這一切都取決於你對這些術語的了解。

你不可能成為所有事物的專家，考慮到 Java 生態系統目前的發展程度，甚至連想成為 Java 本身的專家都很難。好消息是，你**不必**成為其中的一員，對許多專案來說（尤其是在比較小型的公司），最有利的配置是每個專業領域至少由一名專家負責，但這些專家本身並不限於只負責那個領域的工作，也就是說，專門開發後端服務的開發人員也可以寫前端程式碼，即使程式碼不是那麼完美，同樣地，前端開發人員也可以寫後端

程式碼。當某個人可以開發一項需要接觸應用程式每個層級的修改，有助於更快地堆動專案前進。當專案裡沒有工作是侷限於只有某一群人才可以做，就能提高精煉會議的參與程度。

最重要的是，不再嚴格將自己侷限在某個領域，這會改變你處理工作的態度。不會再聽到有人爭論「這不是我的工作」，而且會鼓勵開發人員學習。當某個人去度假時，工作不會開天窗，因為總是有其他人能處理這些工作 —— 效率或許沒那麼好、結果可能不是十分理想，但足以讓工作繼續前進。這也表示，當你需要導入新技術時，不需要尋找新的團隊成員，因為現有的團隊成員已經樂於離開他們原本專業知識的舒適圈。

因此，**全端開發人員**是一種心態，不論是資深人員還是剛入門的開發人員，都要抱持樂觀進取和肯做的態度。

垃圾回收機制是你的好朋友

Holly Cummins

以往舊有的垃圾回收機制很可憐，它是 Java 的無名英雄之一，經常受到指責，很少獲得稱讚。在 Java 讓垃圾回收機制成為主流之前，程式設計師沒有太多選擇，只能追蹤所有自己手動配置的記憶體，等記憶體不再使用時再釋放，然而，即使是訓練有素的程式設計師也很難判斷這一點，因此，手動釋放記憶體經常會導致兩個問題：如果太晚釋放會造成記憶體流失（memory leak），太早釋放又會當機。

Java 垃圾回收機制（garbage collection，GC）經常視為必要成本，因此，常見的效能指導原則之一就是「降低花在垃圾回收機制上的時間」。然而，現代的垃圾回收機制比 `malloc`／`free` 快，而且花在垃圾回收機制上的時間可以加速一切，為什麼？因為垃圾回收器的工作不只有釋放記憶體：垃圾回收器還會處理記憶體配置和排列記憶體裡的物件。優秀的記憶體管理演算法會減少記憶體碎片和降低記憶體爭奪的情形，藉此提高記憶體配置的效率，還能透過重新排列物件的方式，提高程式在一定時間內可以完成的總工作量，減少回應時間。

為什麼物件在記憶體內的位置會影響應用程式的效能？因為在程式的執行時間裡，有很高的比例都花在硬體延遲、等待記憶體存取上。就區域地理的觀點來看，存取堆積記憶體的速度比處理指令慢，所以現代電腦都使用暫存記憶體，當某個物件被放進處理器的暫存記憶體中，這個物件的鄰居也會被一併帶進去，如果下次剛好要存取這個物件的鄰居，就會加快下次存取的速度。把同時會使用到的物件放在記憶體裡的相鄰位置，稱為**物件區域性**（object locality），可以藉此提升效能。

提高配置效率的好處會更加明顯。如果堆積記憶體的排列非常零碎，程式嘗試建立物件時，會需要很長的搜尋時間才能找到一塊夠大的閒置記憶體，導致配置成本變得昂貴。你可以實驗看看，強制垃圾回收機制壓縮更多資料，雖然會大幅增加垃圾回收機制的負擔，但通常能提升應用程式的效能。

垃圾回收機制的策略會因為 JVM 的實作方法而有所不同，每一種 JVM 都會提供一組配置選項。從 JVM 的預設值開始入門通常是不錯的做法，但還是值得進一步了解一些可以使用的機制和變化。在程式能處理的總工作量和延遲之間權衡，工作負荷量會影響你的最佳的選擇。

垃圾回收處理器如果搭配暫停世界機制（Stop-the-world），就會先停止所有程式活動，讓回收處理器安全地回收垃圾。採用並行設計的垃圾回收器則會將回收工作卸載到應用程式的執行緒裡，所以不會發生全域暫停的情況，相對地，每個執行緒會產生微小的延遲。這種做法雖然不會出現明顯的暫停情況，但是效率會比搭配暫停世界機制的垃圾回收處理器差，因此，比較適合會注意到暫停情況的應用程式，像是音樂播放或圖形使用者介面（GUI）。

回收機制本身可以透過複製或標記／清除（mark and sweep）來完成。採用標記／清除演算法，回收器會確認並且標記堆積記憶體裡可用的閒置空間，然後將新物件配置到這些空隙裡。採用複製演算法的回收器則會將堆積記憶體分成兩個區域，物件會先配置在「新的空間」裡，等到這個空間滿了，再將非垃圾的內容複製到保留空間裡，然後將這兩個空間交換。在一般的工作負擔下，多數物件會在年輕的時候死去，這個情況稱為世代假設（generational hypothesis）。因此，壽命短的物件的複製步驟會超級快（因為沒有東西可以複製！），然而，如果物件到處閒晃，回收工作就會變得沒有效率。利用複製機制的回收器非常適合不可變異的物件，以及具有物件池的「最佳化」災難（不管怎樣，這通常是一個很糟的想法）。額外的好處是，利用複製機制的回收器會壓縮堆積記憶體，可以近乎即時地配置物件和快速存取物件（有少數暫存記憶體會發生遺失的現象）。

評估效能時，應該要考慮商業價值。將每秒交易數、平均服務時間或最壞情況下的延遲時間最佳化，但是，請不要針對花在垃圾處理機制上的時間，嘗試將其提升一點點最佳化的效果，因為投注在垃圾處理機制上的時間，實際上有助於加速程式的速度。

使用更好的命名規則

Peter Hilton

> 最重要的是讓意義去選擇你要用的單字,而不是反其道而行……我
> 們使用文字所做的事情裡,最糟的一件就是屈服於文字。
>
> — 英國作家 *George Orwell*

不管用什麼方法,要提高程式碼的維護性,最好的做法是使用更好的命名規則。事實上,容易維護的程式碼數量還比使用好的命名規則的程式多,但眾所皆知,命名這件事很難而且常常被忽略。幸運的是,程式設計師都喜歡挑戰。

首先要避免使用沒有意義(foo)或過於抽象(data)、重複(data2)或模糊(DataManager)以及縮寫或簡稱(dat),其中最糟的做法是使用單一字母(d)。這些模糊不清的名稱都會減緩每個人的工作速度,因為程式設計師花在閱讀程式碼的時間比撰寫程式碼的時間更多。

下一步是採用更好的命名規則,使用具有精確含義的單字,才能讓程式碼具有意義。

每個名稱最多使用四個單字,而且不要使用縮寫(除了 id 和那些採用自問題領域的縮寫)。實務上很少有一個單字就夠用的情況,但是使用到四個單字以上又太笨拙,而且不具有新的意義。Java 程式設計師在類別名稱上喜歡用較長的命名,但是在區域變數名稱上,即使名稱很糟也喜歡用短的命名。

再來就是要學習和使用問題領域的術語 —— 領域驅動設計的**通用字彙**,這種作法通常會比較簡潔:在出版領域裡,表達文字修改的正確術語可能是**修訂**或**編輯**,取決於誰做了這項修改。因此,與其胡亂拼湊單詞,不如閱讀該主題的維基百科內容,以及和在該領域工作的人聊聊,然後將他們使用的單字新增到你的詞彙裡。

以集合名詞取代複數，例如，將 appointment_list 重新命名為 calendar。更普遍的做法是擴大英語詞彙量，這樣才能讓名稱更短而且更精準。如果你不是英語母語人士，實行這一點會比較困難，但是不管怎樣，每個人都必須學習領域專業術語。

以具有關聯性的名稱為一組實體重新命名，例如，將 company_person 重新命名 employee、owner、shareholder。如果這是一個欄位，就是重新命名欄位型態和其所屬類別之間的關係。一般來說，通常值得抽出一個新變數、新方法或新類別，以便於可以更明確地命名。

因為 Java 可以將類別與物件分開命名，所以能幫助我們做出良好的命名。不要忘記為你的型態做出真正的命名，而不是依賴基本資料型態和 JDK 類別的名稱：通常應該導入一個更具有特色的類別名稱，例如，使用 CustomerName，而不是 String，否則，你就需要以文件註解不能接受的字串，例如，空字串。

請不要將類別和物件的名稱混在一起，以避免重複型態所造成的干擾，例如，將日期欄位 dateCreated 重新命名為 created，將布林型態欄位 isValid 重新命名為 valid。請為物件指定不同的名稱：與其將**顧客**命名為 Customer，應該使用更具體的名稱，例如，發送通知時用 recipient（收件人），發布產品評論時則用 reviewer（評論者）。

命名的第一步是應用基本的命名慣例，例如使用名詞片語作為類別名稱，下一步則是使用這類的原則訓練良好的命名技巧。然而命名原則有限，JavaBeans 的規範是教這一代的 Java 程式設計師打破物件封裝並且使用模糊的方法名稱，像是 setRating 改用 rate 可能會更好；還有幫方法命名時，不一定要搭配動詞片語，例如，建構器 API 裡用的 Customer.instance().rating(FIVE_STARS).active()。所以，最後一點就是，掌握命名技巧的關鍵是選擇要打破哪些規則。

嘿，Fred。你能把 HashMap 遞給我嗎？

Kirk Pepperdine

讓我先描繪一個場景：這裡是一間老舊、狹窄的辦公室，放著幾張相鄰的舊木桌。每張桌子上都配有一個老式的黑色轉盤電話，點綴著一個煙灰缸，其中一張桌子上放著黑色的 `HashMap`，裡面有填入客戶資料的 `ArrayList`。此時，需要跟 Acme Inc. 聯繫的 Sam 掃了一眼辦公室，正在尋找 `HashMap`。他的眼神飛快地四處移動，發現了 `HashMap`，然後大叫：「嘿，Fred。你能把 `HashMap` 遞給我嗎？」你能想像我說的這副景象嗎？嗯，我想應該不行⋯⋯

撰寫程式的過程中，發展詞彙表是很重要的一個部分。這份詞彙表中的每個單字都應該能表達我們正在建立領域模型的一部分。畢竟，其他人以後都一定會看和理解我們用來表達模型的程式碼，所以，我們選擇的詞彙不是能幫助他人就是會阻礙他人理解我們的程式碼。奇怪的是，選擇詞彙所帶來的影響不只有可讀性：我們使用的單字會影響我們對手上問題的看法，進而影響我們的程式碼結構、演算法的選擇、塑造 API 的方法、該系統如何符合我們的目的以及維護和擴展程式的難易程度，最後是程式執行的效能有多好。因此，我們撰寫程式碼時發展的詞彙確實非常重要，乃至於，撰寫程式時，手邊放著一本字典可能會出奇地有用。

回到我們一開始所舉的可笑例子。現實生活裡當然不可能有人會跟你要 `HashMap`，如果你要求 Fred 遞給你 `HashMap`，他有可能會對你翻白眼。然而，當我們研究如何建立領域模型時，我們會聽到一個需求，從按照名稱排列的資料裡查詢客戶聯絡資料，並且大叫一聲 `HashMap`。如果我們深入研究該領域，可能會發現索引卡上寫著聯絡資訊，索引卡則整齊地包裝在 Rolodex（名片盒）裡。改以 Rolodex 取代 `HashMap`，不僅能

在程式碼中提供更好的抽象化，還能立即影響我們對手上問題的思考方法，以更好的方法向程式碼讀者表達想法。

此處的重點是，在我們目前使用的領域詞彙中，技術類很少佔有一席之地，反而是為更深入、更有意義的抽象化建立區塊。工具類別的需求應該是紅色旗標，表示缺少抽象化。此外，API 中的技術類別應該也是紅色旗標。

請思考這個情況。假設有一種簽名方法是用一個 String 表示名字，另一個 String 表示姓氏，這兩個字串都會用來查詢儲存在 HashMap 裡的資料：

```
return listOfNames.get(firstName + lastName);
```

問題是，缺少的抽象元素是什麼？此處以兩個欄位組合成一個主鍵，通常稱為組合鍵（composite key）。利用這種抽象元素，可以得到：

```
return listOfNames.get(new CompositeKey(firstName, lastName));
```

當你在基準測試中進行這項修改時，程式碼的執行速度會快三倍。我支持這種修改方式，因為其更具表達力：使用 CompositeKey 可以更好地表達手上問題的本質。

避免使用 null

Carlos Obregón

知名電腦科學家 Tony Hoare 稱 null 是「十億級美金的錯誤」，這種會造成天價損失的錯誤，正是你應該養成嚴禁在程式中使用 null 的習慣。如果你引用的物件可能出現空值，不管你要呼叫這個物件的任何方法之前，都一定要記得做空值檢查，然而，由於引用 null 值和非 null 值之間並沒有明顯的差異，所以一般人很容易就會忘記做這樣的檢查，就出現錯誤訊息 NullPointerException。

要避免發生這個問題，將來最不容易被淘汰的做法是盡可能使用替代方案。

避免將變數初始值設為 Null

等到你知道變數應該設為什麼值的時候才宣告變數，這通常不是一個好主意。對於初始化很複雜的情況，請將所有初始化的邏輯都移到某個方法下，例如，與其這樣做：

```java
public String getEllipsifiedPageSummary(Path path) {
    String summary = null;
    Resource resource = this.resolver.resolve(path);
    if (resource.exists()) {
        ValueMap properties = resource.getProperties();
        summary = properties.get("summary");
    } else {
        summary = "";
    }
    return ellipsify(summary);
}
```

你應該改成以下這種寫法：

```java
public String getEllipsifiedPageSummary(Path path) {
    var summary = getPageSummary(path);
    return ellipsify(summary);
}
```

```
public String getPageSummary(Path path) {
    var resource = this.resolver.resolve(path);
    if (!resource.exists()) {
        return "";
    }
    var properties = resource.getProperties();
    return properties.get("summary");
}
```

將變數的初始值設成 null，如果你沒注意到錯誤處理碼，可能會不小心
漏失 null。日後另一位開發人員可能在沒有發現這個問題的情況下修改
控制流程，這裡說的「其他開發人員」可能就是寫完第一個版本的程式
碼後，經過三個月時間的你。

避免回傳 Null

當你看到方法的簽章時，應該就能了解這個方法是否一定會回傳參數 T，
或者有時候不會回傳。回傳 Optional<T> 型態會是更好的選擇，能讓程
式碼更清楚、明確；當參數 T 沒有產生時，Optional 類別的 API 就很
容易處理這個情況。

避免傳遞和接收 Null 參數

如果你需要參數 T，就提出使用要求；如果沒有參數 T 也能完成，那就
不要使用。為具有選擇性參數的操作建立兩個方法：一個帶有參數，另
一個則是沒有參數。

以 JDK Graphics 類別下的 drawImage 方法為例。這個方法有一個版本
是可以接收五個參數，第六個參數 ImageObserver 則選擇性提供；在沒
有參數 ImageObserver 的情況下，你需要傳入 null，就像以下的程式
碼：

```
g.drawImage(original, X_COORD, Y_COORD, IMG_WIDTH, IMG_HEIGHT, null);
```

最好是使用另外一種只需要傳入前五個參數的方法。

可接受的 null 值

那麼，什麼時候使用 null 是可以接受的？當你要實作類別的細節時就
可以用，例如，屬性值。在這種情況下，需要注意是否出現空值的程式
碼都會在相同的檔案裡，因此，更容易推論出原因而防止 null 值出現。

所以，請記住：除非你是要用在屬性值上，否則永遠都有機會避免在程式碼的上層建構中使用 null。只要你停止在非必要的情況下使用 null，null 當然就沒有機會出現，也就不會出現錯誤訊息 NullPointerException。而且，只要你能避開這些例外情況，就能成為解決十億級美金問題的一份子，而非變成問題的一部分。

如何擊潰 Java 虛擬機器

Thomas Ronzon

現在的業界有太多需要了解的新 API、很酷的函式庫和必須嘗試的技術，否則很難讓自己保持在最先進的狀態。

但是，身為 Java 開發人員，你真的需要了解這一切嗎？你需要了解軟體運行環境嗎？難道不是函式庫和程式碼之外的某個問題導致你的軟體無法運作，而你甚至無法理解或發現那個問題嗎？你準備好思考另一種觀點了嗎？

我在這裡發出一個挑戰：請你嘗試找到擊潰 Java 虛擬機的方法！（或者至少是能讓 Java 虛擬機上正常執行的程序突然發生意外中止的情況。）當你知道的方法越多，對周圍環境的了解就越充分，也就越能夠意識到運行中的軟體系統可能會出現什麼樣的錯誤。

以下是幾個幫助你開始的步驟：

1. 請嘗試盡可能配置更多的記憶體。隨機存取記憶體（RAM）並非無窮盡，如果無法配置更多的 RAM，配置就會失敗。

2. 請嘗試將資料寫入硬碟，直到填滿硬碟空間為止。這點跟 RAM 的問題一樣：雖然硬碟空間比較大，但也不是無窮無盡。

3. 請嘗試盡可能開啟更多的檔案。你知道你使用的環境下，檔案描述符的最大數量嗎？

4. 請嘗試盡可能建立更多的執行緒。在 Linux 系統上，你可以在 `/proc/sys/kernel/pid_max` 底下查看系統上可能正在執行的流程有多少個。你的系統允許建立多少個執行緒呢？

5. 請嘗試修改檔案系統下的 `.class` 檔案，最新檔案會是你目前執行的應用程式！

6. 請嘗試找到一個正在用的程序 ID，然後執行 `Runtime.exec` 強行中止這個 ID（例如，在你的程序 ID 上呼叫 `kill -9`）。

7. 請嘗試在程式執行環境下建立一個只能呼叫 `System.exit` 的類別，透過類別載入器動態載入類別，然後呼叫這個類別。

8. 請嘗試盡可能開啟更多的 Socket 連線。在 Linux 系統上，Socket 連線的最大數量會等於檔案描述符的最大數量（通常是 2,048），你知道系統上有多少應用程式正在執行嗎？

9. 請嘗試破解你的系統。經由程式碼或利用 Wget 下載漏洞，然後執行漏洞，並且在 Linux 系統上，以 root 身分呼叫 `shutdown -h`，或者是在 Windows 系統上，以管理者帳號呼叫 `shutdown /s`。

10. 請嘗試跳過安全網。Java 的安全性有一部分是來自程式語言設計，一部分是來自 JVM 的位元組碼驗證。執行 JVM 時搭配參數 `-noverify` 或 `-Xverify:none`，會停用所有的位元組碼驗證，而且能撰寫某些原本不允許執行的內容。

11. 請嘗試使用 `Unsafe` 類別。這種後門型類別是用於存取底層裝置，例如，記憶體管理。Java 語言的語法，C 語言的安全性！

12. 請嘗試原生語言化，利用原生語言撰寫一些程式碼。C 語言的語法，C 語言的安全性！

請嘗試找出方法，自己擊潰 Java 虛擬機器，並且請同事提出他們的想法，也可以考慮請職缺面試者聊聊他們可能會怎麼做。不論答案是什麼，你很快就能看出，面試者是否能跳脫 IDE 視窗看到世界。

P.S. 如果你發現其他有創意的方法可以擊潰 Java 虛擬機器，請讓我知道！

利用持續交付提升部署流程的重複性與稽核性

Billy Korando

手工藝之所以受到重視，主要是因為製作者投入大量的時間和精力，製作過程中衍生的一些小的缺陷所帶來個性和獨特性。雖然這種品質在食品、家具或藝術上可能會獲得人們重視，但是換到交付程式碼的情況裡，這種品質會嚴重阻礙組織的成功。

人類不太適合執行具有重複性的任務。部署應用程式需要執行一系列複雜的步驟，不論一個人的細心程度如何，在這種情況下都可能會出錯，有可能是跳過某個步驟、在錯誤的環境中運行，不然就是以不正確的方法執行，導致部署失敗。

當部署發生失敗時，就會投入大量時間調查出了什麼問題。由於手動流程通常缺乏中央控制而且做法不透明，因此會阻礙調查流程。等確定部署失敗的根本原因後，典型的解決方法是加入更多控制層，以防止該問題再次發生，但是通常只會成功地讓部署過程變得更加複雜和痛苦！

組織在交付程式碼的過程中痛苦掙扎已經不是新聞，因此，為了解決這個問題，各個組織已開始轉移做法為持續交付。持續交付是一套步驟，能自動交付程式碼到生產環境中，從開發人員提交修改的程式碼到將該修改部署到生產環境中，任何可以自動化的步驟都應該經過測試、修改控制、部署流程等。

組織轉移做法為持續交付，主要動機是減少部署程式碼所需的時間和精力。雖然持續交付的優勢明顯是減少時間和精力，但這並不是它唯一的優點！持續交付還能改善部署過程中的重複性和稽核性，這就是為什麼你應該關心這類品質的原因。

重複性

讓部署程式碼的步驟自動化，表示針對每個步驟撰寫腳本，以便於能由電腦來執行而不是人類。因為電腦擅長執行重複性任務，所以能大幅改善部署過程中的重複性。

具有重複性的流程本質上就擁有較低的風險，這點特質可以鼓勵組織更頻繁地發布小型修改，其所帶來的二重好處是可以針對某個要釋出的版本解決特定問題，例如，效能。某個釋出的版本只能包含修改效能部分的內容，這樣才能評估這些修改是提升、降低還是沒有影響效能。

稽核性

自動化部署能大幅提升透明度，自然可以提高稽核性。用於執行自動化的步驟和給腳本用的值可以儲存在版本控制中，便於檢視。自動化部署還可以產出報告，這些報告也有助於稽核工作。提升部署流程的稽核性，讓持續交付從原本只是新創公司和非關鍵任務應用程式的利基概念，變成即使在受到最嚴格規範和控制的產業中也是不可或缺的一環。

當年我第一次聽到持續交付時，我發現依照需求部署的概念令人陶醉。看完 Jez Humble 和 David Farley 所著的《持續交付》（Addison-Wesley）一書後，我更了解到一點，在各方面減少時間和精力是持續交付提供的優點裡，僅次於重複性和稽核性的好處。如果你的組織一直努力掙扎於將程式碼交付到生產環境中，我希望這篇文章能幫助你向管理部門說明為什麼要使用持續交付的理由。

Java 為何能在程式語言戰爭中佔有一席之地

Jennifer Reif

我們都會挑選自己最喜歡的東西，然後貶低其他選項（顏色、汽車、運動隊伍等等），選擇程式語言時也不例外。不論是讓我們感到最自在的人，還是給我們一份工作的人，我們都會堅持自己的選擇。

今日，我們聚焦在 Java 身上，對這個語言有抱怨、有讚美，這完全合理。以下談的這些內容是我個人的經驗，可能和其他人有所不同。

我的 Java 成長史

首先，讓我們來看看，我是以什麼樣的觀點來看 Java 這個程式語言。

我對程式設計應用的認識是起源自大學時代使用 Java，在此之前，我用過 HTML、Alice 和 Visual Basic 這些入門語言，然而這幾個都不是為了探索複雜程式碼結構而專門設計的語言。

所以，Java 是我第一次接觸企業環境和關鍵流程的程式語言。此後，我持續擁有許多其他程式語言的經驗，但最後我仍舊回到 Java 的懷抱。

Java 的設計與發展背景

Java 於 1995 年問世，創始之初使用類似 C 語言的語法，並且遵循 WORA 原則（write once, run anywhere），亦即只要撰寫一次程式碼，就能在任何環境下執行，其目標是簡化 C 語言家族這一派語言所需的複雜程式設計，並且透過 JVM 實現平台獨立性。

我認為了解某種語言的發展歷史，有助於將正面和負面的觀點都放進發展背景裡，而了解其發展背景可以顯現出創作者為實現其他目標所做出的犧牲。

Java 的缺點

多數人對 Java 的抱怨是部署規模較大還有語法過於冗長，這些抱怨雖然合理，但是，我認為上一段所提到的 Java 歷史，可以解釋這些缺點為什麼存在。

首先，Java 的整體部署規模較大。正如我們在 Java 歷史中所看到的背景，Java 最初創造出來的目的之一是「只要撰寫一次程式碼，就能在任何環境下執行」，因此，同一個應用程式可以在任何 JVM 上運行，這表示無論打包到單一 JAR 檔案裡，還是橫跨各種元件（WAR 檔案＋應用程式伺服器＋JRE 環境＋關聯函式庫），都必須納入所有相依性才能進行部署，這也影響了部署內容的大小。

其次是，Java 的語法非常冗長。同樣地，我要將這個缺點歸咎於 Java 的設計。Java 創始之初，當時的環境是由 C 語言和泛 C 語言主宰，要求開發人員詳加說明底層的細節。Java 的目標是將這些細節抽象化，藉此提高程式語言的友善性。

我喜歡 Java 的理由

* Java 會告訴我，我正在建構的內容以及如何建構。使用其他程式語言時，我或許可以用更少行數的程式碼撰寫某些內容，但是，這樣我就不能確定這個語言在程式碼背後做的事，而我不太喜歡這一點。

* Java 是一項廣泛適用的技能，具有處理各方面工作的能力，這點讓我擁有商業和技術市場兩者的知識。Java 不是唯一具有這項優點的語言，但它似乎是擁有這項特性最久的語言。

* Java 讓我可以在所有堆疊和領域裡玩技術，看起來就像是在所有這一切之間架起橋梁。我喜歡涉獵和探索，而 Java 已經為我開啟這個世界。

Java 對開發人員的意義

現在的市場非常多樣化，有許多選擇可以滿足商業需求，但沒有一項東西可以一體適用（而且應該也不能），因此，每位開發人員都需要為工作選擇最佳語言。即使你不喜歡以 Java 作為主要使用的語言，我仍然認為它是一項寶貴的技能。

認識 Java 的內聯概念

Patricia Aas

電腦變了，從各方面都出現變化，但是就本文目的來說，電腦在某個方面出現重大的改變，就是：從隨機存取記憶體讀取的相對成本變得非常高。

當時某個情況逐漸發生，直到隨機存取記憶體完全支配應用程式的效能指標。過去 CPU 不斷地等待記憶體完成存取工作，而且，相對於暫存器（register），隨機存取記憶體的成本越來越高，於是，晶片製造商導入越來越多層快取記憶體（cache），使得快取越來越大。

快取記憶體很棒！前提是，如果裡面有你需要的內容⋯⋯

快取記憶體很複雜，但通常會預測接下來的記憶體存取究竟要和前一個記憶體存取相近還是相鄰比較好。從記憶體讀取資料時，會比目前需要的內容再多一點，然後將多出來的內容儲存在快取裡，通常稱為預先載入（prefetching）。如果後續的資料存取是從快取裡面讀取值，而不是從隨機存取記憶體，就稱為「快取支援」型存取（cache-friendly）。

請想像一下，現在有一個大陣列，裡面有許多相當小型的重複物件，可能是一堆三角形。今日的 Java 實際上並沒有一種三角形陣列，我們擁有的只是一個指標陣列，而這些指標都指向三角形物件。因為在 Java 裡，一般物件是「引用型態」（reference type），這表示我們要透過 Java 指標／引用來存取這些物件，所以，就算陣列的內容可能是一個連續記憶體區段，三角形物件本身可能還是會散在 Java 堆積記憶體的任何地方。由於我們從記憶體裡的一個三角形物件跳到另外一個三角形物件，這種在陣列裡循環的動作稱為「快取排斥」（cache-unfriendly），就算快取預先載入資料可能也沒有太大的幫助。

換個方式想，假設有一個陣列裡面包含真正的三角形物件，而不是指向物件的指標，現在這些物件在記憶體裡面的位置很接近，所以在這些物件上循環存取會更有快取支援的效果，因為下一個要用的三角形可能正好就在快取裡等著我們，像這樣直接將物件型態儲存到陣列裡，就稱為「Value 型態」或者是「內聯型態」（inline type）。Java 已經有好幾種內聯型態，例如，int 和 char，而且將來很快就會有使用者定義的內聯型態，可能會稱為「內聯類別」，和一般類別相似但更加簡單。

另一種「快取支援」型的方法是，將物件儲存在堆疊框架裡，或是直接放在暫存器裡。內聯型態和引用型態之間的差異是，不必將內聯型態配置在堆疊記憶體上，對於那些只有在方法呼叫範圍內才存在的物件，這個方法很有用。由於堆疊的相關部分可能放在快取裡，所以存取堆疊上的物件往往也算是「快取支援」型方法。其他好處還有，如果物件沒有配置在 Java 堆積記憶體上，垃圾回收器也不需要回收這個物件。

當你使用 int 和 char 這些所謂的「基本型態」時，「快取支援」行為其實早就已經存在 Java 裡，基本型態就是內聯型態，而且具有其所有優點。所以，就算內聯型態剛開始看起來好像很陌生，但其實你早就用過，只是還沒把它們視為物件。因此，如果「內聯類別」對你來說似乎很陌生，你可以試著這樣想，「int 會有什麼行為？」

Kotlin 與 Java 之間的互通性

Sebastiano Poggi

Kotlin 近年來已成為 JVM 社群裡的熱門話題，從行動專案到後端程式專案，這項語言的使用率持續增加。Kotlin 的優點之一是和 Java 之間具有高度互通性。

從 Kotlin 呼叫任何 Java 程式碼都可以執行。Kotlin 非常了解 Java，但是，如果你沒有依循 Java 的最佳實務做法，Kotlin 本身有一個地方可能會令人不堪其擾：Java 沒有那種不能為空值（null）的型態，也就是說有些型態可以是 null，因此，如果 Java 程式碼原本沒有使用 @Nullable 註解，轉換成 Kotlin 時就會假設所有這類的型態都具有未知的空值性，就是所謂的平台型態。如果你確定這些型態永遠不可能為 null，可以加上運算子 !! 強制這些型態不能是 null，或是用 cast 語法轉換成非 null 的型態。不管是哪種情況，萬一該值在程式執行環境下變成 null，程式就會停止執行。處理這種情況的最佳方法是在 Java API 裡加入空值性註解，例如，@Nullable 和 @NotNull。許多工具都有支援註解（*https://oreil.ly/hKoXx*）：JetBrains、Android、JSR-305、FindBugs 等等，使用這種方法，Kotlin 就知道型態具有空值性，換到 Java 環境下寫程式時，IDE 會額外提出觀點，發出型態有可能是 null 的警告，這是雙贏的做法！

當你從 Java 呼叫 Kotlin 程式碼時，應該會發現一個情況，雖然大部分的程式碼都能正常運作，但是某些 Kotlin 語言的進階功能可能會呈現怪異之處，因為這些功能在 Java 裡並沒有直接對應的功能，所以 Kotlin 編譯器必須採用一些有創意的解決方案，以位元組碼實作這些功能。在 Kotlin 底下，這些功能會被隱藏起來，但是 Java 並不知道這些機制，所以會將它們暴露出來，因而產生可用但是品質不佳的 API。

最上層的宣告就是一個例子。由於 JVM 位元組碼不支持類別外的方法和欄位，所以 Kotlin 編譯器會將它們放入與它們所在檔案同名的合成類別裡。例如，出現在 *FluxCapacitor.kt* 檔案裡最上層的符號全部都會被視為 Java 裡 `FluxCapacitorKt` 類別的靜態成員。你可以將合成類別名稱改為某個你認為更好的名稱，只要在 Kotlin 檔案裡註解 `@file:JvmName("Flux CapacitorFuncs")`。

你可能還會希望定義在（**伴生**）物件中的成員在位元組碼中是靜態的，但情況並非如此。Kotlin 在背後將這些成員移動到一個名為 `INSTANCE` 的欄位或是合成的**伴生**內聯類別裡。如果你需要以靜態成員存取，只需要使用 `@JvmStatic` 註解，也可以透過 `@JvmField` 註解，讓（**伴生**）物件屬性顯示為 Java 裡的欄位。

Kotlin 最近還提供帶有預設值的選擇性參數。這項功能非常方便，但不幸的是，Java 不支援這項功能；在 Java 裡，你必須為所有參數提供參數值，包含那些應該是選擇性的參數。為了避免這種情況，你可以使用 `@JvmOverloads` 註解，告訴編譯器為所有選擇性參數生成過載。在這種情況下，參數的順序很重要，因為過載中無法獲得所有可能的排列，而是按照參數在 Kotlin 中顯示的順序，知道每個選擇性參數的額外過載。

總而言之，從表面來看，Kotlin 和 Java 兩者幾乎是完全可以互通的語言：這是 Kotlin 與其他 JVM 語言相比的優勢之一，不過，在某些情況下，多花一分鐘在你的 API 上，會使它的用法比其他語言更加令人愉悅。既然你已經知道只需要付出少少的努力，就可以產生巨大的影響，真的沒有理由不加倍努力！

我完成了，可是……

Jeanne Boyarsky

在站立式會議、每天的 Scrum 會議或是狀態會議中，這句話你聽過幾次了？「我完成了，可是……」每當我聽到有人說這種話，第一個念頭就是「所以，你還沒有完成。」當一個工作項目未完成、你卻使用 **完成** 一詞時，會出現以下三個問題。

1. 溝通與釐清

在理想的情況下，團隊會定義何謂完成，但是，即使團隊沒有這樣做，也可能會對完成代表的意義有所期望。而且，更理想的情況是報告工作狀態的人知道這一點，否則，我們不會對任務完成這一點做出免責聲明。

未完成的部分通常包含撰寫測試、文件和極端案例，請花點時間想想，看看你是否還能想到更多情況。同樣地，我也不喜歡 **真的完成了** 這個詞，就像是要暗中掩蓋沒有 **完成** 工作的事實。身為一個明確的溝通者，如果工作未完成，請不要說你已經完成。

這是你傳達更多資訊的機會。例如，「我寫了一條快樂路徑，下一步會加入驗證」，或者是「我完成了所有的程式碼，剩下的部分是更新使用者手冊」，甚至是「我以為我都完成了，卻在星期二發現某個元件不能用」。這一切都是提供給團隊的資訊。

2. 認知

管理者喜歡聽到 **完成** 一詞，這表示著你有空承擔更多的工作、幫助團隊成員，或者是任何他們理解的意義，就是不包含你會在工作上花更多的時間。一旦管理者聽到你說 **完成**，就會成為一種認知，至於你後面說的**但是**，他們不是選擇遺忘就是當作一件小事。

現在，你沒有完成第一件事，還準備繼續下一件事，技術債就是由此而來！雖然有時候技術債是一種選擇，然而要看情況，大家透過討論做出這個選擇，遠比你宣稱完成卻沒有完成，因而獲得技術債的情況要好得多。

好了，我已經寫完這篇文章了，但是我仍然必須寫最後一個部分，你覺得這樣可行嗎？事實上，我根本還沒寫完。

3. 部分完成沒有功勞

完成的狀態就是二分法，不是完成了就是沒有完成，沒有完成一半這種事。假設你正在做一對高蹺，你說完成了 50%，請思考一下，這表示什麼，可能是指你有一個高蹺但還不能用，更可能是你認為自己有一個高蹺，但還必須做另一個高蹺，然後進行測試。測試有可能代表你必須回頭進行某些修改，這個重做的部份表示你甚至還沒有完成 50% 的工作，你真的很樂觀。

切記：工作沒有完成之前，請不要說你完成了！

Java 認證：技術試金石

Mala Gupta

請想像一下，現在你需要進行機器人手術，有一名經驗豐富而且領有醫生執照的外科醫生，但這名醫生沒有機器人手術設備的證書，你還會繼續請這名外科醫生進行機器人手術嗎？除非我能確信這名外科醫生擁有機器人設備的技能，否則我不會冒這個險動手術。

以此類推，讓職務候選人進入重要的關鍵專案之前，你要如何查明他們擁有的技能？僅憑電腦科學學位來做判斷並不夠，因為透過大學課程獲得的技能與工作上要求的技能之間有很大的差距。

獨立技能培訓機構目前正介入這一塊以彌補這個差距，但還不夠。那麼，有誰能評估技能的品質以及如何評估？這就是業界介入的地方。

合適的比喻就是試金石，這種奇石在古代是用來測量作為貨幣的黃金和其他貴金屬的純度。以像碧玉這種深色矽質石頭摩擦金屬硬幣，摩擦出來的五顏六色殘渣就表示該金屬的純度。

像 Oracle 這樣的組織已經以專業認證的形式定義了這些基準，並且發揮試金石的作用，以標準化的方式評估 IT 方面的技能。

人們經常問這些專業證書對於電腦科學專業的畢業生或研究生是否有其必要，大學課程中不是就已經涵蓋了這些內容嗎？關於這一點，我們需要考慮短期和長期目標。電腦科學專業的本科系畢業或研究生在大學裡，其畢業之後的長期策略規劃可能是選擇職業道路，在這種情況下，獲得專業認證這種策略選擇就是證明自己擁有成熟的技術能力，可以立即將這項能力應用在專案裡，達成短期目標。

Oracle 公司提供 Java 專業認證的需求量很大，當候選人符合專業定義的要求條件時，Oracle 就會授予他們證書。根據證書的等級，可能會要求候選人完成某個課程、專案或通過考試，目的是要確定這個人有資格擔任某些類型的職位或從事某些專案的工作。經過認證的技能可以彌補個人現有技能與業界所需技能之間的落差，從而提高專案的成功率；這些認證需要定期更新。

Oracle 在 Java 認證中提供多種選擇，不同證書定義不同的主題和開發人員應遵循的路徑，開發人員可以根據自己的興趣選擇適合的認證。

經過驗證的技能可以建立個人的信譽，證明自己擁有使用特定程式語言撰寫程式的能力，或是擁有對潛在雇主的理解，包括平台、方法論或實務。因此，認證可以幫助專業人士消彌在履歷審查和選擇面試者時遇到的障礙。

Java 認證有助於個人的職業發展，當求職者在找工作、組織和團隊試圖尋找具有通過認證的技能人才時，這些認證就是彼此的第一步。

Java 是 90 年代的孩子

Ben Evans

> 世界上只有兩種語言：一個是大家抱怨的那種語言，另外一個是沒
> 人要用的那種語言。
>
> — C++ 之父・Bjarne Stroustrup

我不確定 Stroustrup 的見解是針對程式設計語言還是人類的天性，但是，他的話確實引起人們關注大家經常遺忘的真理，也就是程式設計語言是人類的努力累積而成。因此，每種語言身上永遠都能看到創建它們的環境和背景的痕跡。

所以，現在還是能在 Java 設計中的每一處看到 1990 年代後期的痕跡，這點不足為奇，前提是如果你知道要看哪裡。

只要你知道要看哪裡，就可以在 Java 設計的任何地方看到 1990 年代後期的痕跡，這不足為奇。

例如，將區域變數 0 的物件引用載入到暫時評估用的堆疊裡，其位元組順序是以下這兩個：

```
19 00 // aload 00
```

然而，JVM 的位元組碼指令集提供的變形要縮短一個位元：

```
2A // aload_0
```

節省一個位元聽起來可能不多，但是，可以在整個類別檔案中開始累加。

現在，請記住，在 90 年代後期，Java 類別（通常是 applet 類別）是透過撥號數據機下載，這些現在看來令人難以置信的設備，當時最快的速度也只能達到每秒 14.4 kb。在這種頻寬環境下，對 Java 而言，盡量節省位元組是一股巨大的動力。

你甚至可以說，基本型態（primitive type）的整個概念對剛進入 Java 世界的 C++ 程式設計師來說，是結合效能改善技巧和 SOP 流程——1990 年代 Java 誕生時的產品。

即使「魔術數字」（檔案的前幾個位元組，讓作業系統能辨識檔案類型）對所有 Java 類別檔案顯得過時：

```
CA FE BA BE
```

如今，「Cafe babe」對 Java 來說真的不好看，但不幸的是，現在無法實際修改這個部分。

不僅僅是位元組碼：在 Java 標準函式庫裡（尤其是其中較舊的部分），到處都有 API 複製了相當於 C 語言 API 的內容，每個被迫讀取手上檔案內容的程式設計師也都十分清楚這一點，然而，更糟的是，只要提到 java.util.Date 類別，就足以讓許多 Java 程式設計師感到過敏。

透過 2020 年以及之後的鏡頭來看，Java 有時被視為一種主流的中間路線語言，此敘述遺漏的部分是自 Java 首次亮相以來，軟體界已經發生徹底的變化，虛擬機、動態自我管理、JIT 編譯和垃圾回收機制等等這些偉大的想法，現在已成為程式設計語言整體格局的一部份。

雖然有些人可能將 Java 視為「建制派」，但 Java 在自己一直存在的空間裡早就已經成為主流。在企業尊敬的外表之下，Java 仍然是 90 年代的孩子。

從 JVM 效能的觀點看 Java 程式設計

Monica Beckwith

訣竅一：不要執著於垃圾

我發現 Java 開發人員有時會執著於應用程式產生的垃圾量，在極少數的情況下確實需要這種執著。垃圾回收器（garbage collector，GC）有助於 Java 虛擬機管理記憶體，以 OpenJDK HotSpot VM 的情況來看，垃圾回收器搭配動態編譯器（客戶端（C1）＋伺服器類別（C2））和轉譯器，共同組成 JVM 的執行引擎。動態編譯器可以代為執行一連串的最佳化動作，例如，C2 會利用動態分支預測而且有可能（「一定會」或「一定不會」）採用（或不採用）程式碼分支。同樣地，C2 在與最佳化行為相關的表現上也很出色，像是常數、循環、副本、去最佳化等等。

雖然要相信適應性編譯器，但是如果有疑問，也可以採用「服務性」、「能見度」、記錄日誌以及所有其他這類的工具進行驗證，這方面就得感謝豐富的 Java 生態系統。

對於垃圾回收機制來說，重要的是物件的生命週期／年齡、物件的「活躍程度」、「即時設定」應用程式的大小、長久存在的暫存狀態、配置率、標記負擔、推動率（針對世代回收器）等等。

訣竅二：描繪基準測試的特徵和驗證基準測試

有一位同業曾經對具有各種子基準測試的基準測試套件提出一些看法，其中一項特徵被視為和「啟動有關」的基準測試。當時我比較 OpenJDK 8u 和 OpenJDK 11u LTS 這兩個版本釋出的效能資料，意識到兩者的效能差異可能是因為改變了預設的垃圾回收機制所導致，從原本的並行性垃圾回收器改成 G1 垃圾回收器。所以，似乎沒有適當地描繪（子）基

準測試的特徵或是沒有經過驗證。這兩者都是重要的基準測試練習，有助於識別「單元測試」（unit of test，UoT），並且將單元測試與不利於測試系統的其他元件隔開。

訣竅三：配置大小和速度還是有很大的關係

為了能深入探討上述問題，我要求查看垃圾回收器的日誌。於是，幾分鐘內我就發現了，以應用程式堆積記憶體大小為基礎的（固定）區域大小，很明顯地將「一般」物件歸類為「巨大」物件。對 G1 垃圾回收器來說，巨大物件是指那些跨越 G1 區域一半或以上的物件，這類物件從古生代中分配出來，沒有依循配置的快速路徑。由此可知，物件的配置大小對於已經區域化的垃圾回收器來說很重要。

垃圾回收器會跟著活躍物件圖變化，並且將物件自「起點」空間移到「目的地」空間。如果應用程式配置的速度，比垃圾回收器的（並行性）標記演算法能跟上的速度還要快，這個情況可能會變成問題。此外，大量湧入的配置也可能造成世代化垃圾回收器倉促推進生命週期短的物件，或者是暫存於不適當的世代空間。OpenJDK 的 G1 垃圾回收器仍然在努力中，希望不要依賴回收器的退回機制（fallback）、安全 / 失敗機制（fail-safe）、非增量式回收方法、（平行性）暫停世界機制，以及走訪整個堆積記憶體的做法。

訣竅四：適應性 JVM 是一種權利，而你應該要求

看到適應性即時編譯以及所有朝向啟動、ramp-up 配置、即時編譯取得性、足跡（footprint）最佳化方面的進展，真的很棒；同樣地，還有能在垃圾回收層級使用各種聰明的演算法。那些目前尚未出現的垃圾回收器應該很快就會出現，但是沒有你我的協助就不會誕生。因此，身為 Java 開發人員，請將你的使用者案例回饋提供給 Java 社群，協助 Java 推動這個領域的創新工作，還有，請幫忙測試持續加入即時編譯的功能。

Java 應該讓每個人都覺得有趣

Holly Cummins

我的 Java 生涯起始於 J2EE 1.2 版。當時我有幾個疑問,為什麼每個 Bean 都要產出四個類別和幾百行程式碼?為什麼編譯一個非常小的專案竟然需要半小時的時間?這種沒有生產力、也沒有樂趣的情況卻經常會兜在一起:事情令人感到無趣,因為我們知道這很浪費時間和精力。請想想那些完全沒有做出任何決定、也沒有人會看狀態報告的會議……

如果沒有樂趣這一點令人覺得很糟,那有什麼事情是有趣的?這種方式好嗎?我們要如何取得?樂趣可以有不同的面孔:

- 探索(專注在調查上)
- 玩(單純為了自己,沒有目標)
- 難題(規則和目標)
- 遊戲(規則和獲勝者)
- 工作(一個令人滿意的目標)

Java 能讓我們實現以上所有面向 —— 工作部分當然是最明顯,而且任何有 Java 程式除錯經驗的人都知道難題這個部分(除錯不一定有趣,但是找到解決方案時很棒),我們還會透過探索(當我們剛接觸某個事物時)和玩(當我們有足夠的知識可以做某件事時)來學習。

拋開我們能享受的樂趣,Java 本質上有趣嗎?和年輕的語言相比,Java 比較冗長。樣板程式碼(Boilerplate)雖然無趣,但其中某些程式碼百年不變,例如,使用 Lombok 套件可以幫助我們簡潔地生成 getter 和 setter 方法,還有 hashCode 和 equals 方法(否則,乏味就容易出錯)。雖然手動撰寫進入 / 退出追蹤很無趣,但是剖面或追蹤函式庫可以幫助我們動態檢測(而且能大幅提升程式碼的可讀性)。

那有什麼因素可以讓程式語言的使用更有趣呢？就某種程度來說，這跟表達力和理解力有關，但遠不只這些。我不認為在一般情況下，Lambda 語法會比以類別為基礎的替代方案更簡短或更清晰，但是 Lambda 很有趣！Java 8 發佈當時，開發人員就像小孩子一樣，沉迷於 Lambda 之中；我們想學習 Lambda 的工作原理（探索），挑戰以函式風格表達演算法（難題）。

使用 Java 時，有趣的做法通常也是最佳的做法。自動檢測追蹤讓我們跳過無趣的部分，消除因為方法名稱的複製 / 貼上而衍生的錯誤，並且提高清晰度或是思考效能。在利基情況下，會用到怪異、複雜的程式碼，費盡千辛萬苦抓住每一英寸的速度，然而，在多數情況下，最簡單的程式碼也是最快的程式碼。（對 C 這類的語言，這一點不一定正確。）Java 執行即時編譯時會將程式碼最佳化，最聰明的做法是用乾淨的慣用程式碼。簡單易懂的程式碼因為可讀性強，所以錯誤會更加明顯。

災難性程式碼具有連鎖效應。心理研究顯示，幸福感會和成功職場並存；也有研究顯示（*https://oreil.ly/pmfaZ*），擁有積極心態的人，其生產力會比中立或消極心態的人高 31%。同樣地，使用設計不良的函式庫，會降低你所能達成的效益；因而產生的不良程式碼會使你痛苦不堪，更加降低工作效益，造成惡性循環。

「好玩就好」這句話是不負責任的藉口嗎？一點也不！請認真考慮每個人是否都覺得有趣：這裡說的每個人包括客戶、同事和未來維護你的程式碼的人。雖然與快速、結構鬆散的動態類型腳本語言相比，Java 已經算是相對安全和負責任的語言，但我們還是需要對自己寫的程式碼負起責任。

好消息是，幾乎所有無聊的任務，電腦都可以比人類處理得更快，而且更正確地完成工作。電腦不會預期要有樂趣，所以請好好地利用它們！不要接受乏味的做法，如果發現某個無趣之處，請尋找更好的方法，要是找不到就自己發明一個。我們是程式設計師：我們可以修正無聊這個臭蟲。

Java 之中難以說明的
匿名型態

Ben Evans

何謂**空值**（null）？

新進 Java 程式設計師往往會努力想搞懂這個概念。以下這個簡單的例子，揭露一個事實：null 這個符號必須是一個值。

```
String s = null;
Integer i = null;
Object o = null;
```

在 Java 裡每個值都具有型態，因此 null 也必須如此，這是什麼意思呢？

很明顯地，null 不是我們平常會遇到的任何形態。String 型態的變數不能用於儲存 Object 型態的值——Liskov 替換屬性根本不是以這種方式運作。

就算用 Java 11 的區域變數型態推斷也幫不上忙：

```
jshell> var v = null;
| 錯誤：
| 無法推斷區域變數 v 的型態
| （變數初始值為「null」）
| var v = null;
| ^ - - - - - -^
```

一些務實的 Java 程式設計師可能就只是抓抓頭，並且決定跟許多人的看法一樣，認為這真的不是很重要，假裝「null 只是一個特殊文字，可以作為任何一種引用型態。」

然而，不滿意這種說法的人，你可以在 Java 語言規範（Java Language Specification，JLS）第 4.1 節中找到真正的答案：

> 還有一種用於表達 null 的特別型態，但是這種型態沒有名稱（§3.10.7, §15.8.1）。

由於這種 null 型態沒有名稱，所以無法將一個變數宣告或是強制轉換成這種 null 型態。

你看，Java 允許我們寫下一個值，卻無法宣告這個值為某種變數型態，我們或許可以稱這樣的型態是「難以說明的型態」，或者更正式一點的說法是不能表示的型態。

如同 null 所示，其實我們一直都在使用這種型態，有兩個地方很明顯會出現這種型態。首次出現是在 Java 7 版本，Java 語言規範的解釋如下：

這種異常參數可能會將其型態表示為單一類別型態，或是兩個或兩個以上類別的聯合型態（稱為替代型態）。

多重捕捉（multicatch）參數的真正型態是，將捕捉到的兩個明顯不同的型態聯合起來表示。實際上，只有符合 API 約定的程式碼才能編譯，API 約定是最接近常用超級型態的替代型態。

在以下程式碼中，變數 o 的型態是什麼？

```
jshell> var o = new Object() {
...> public void bar() { System.out.println("bar!"); }
...> }
o ==> $0@3bfdc050jshell> o.bar();
bar!
```

o 不可能是 Object 型態，因為 o 可以呼叫 bar()，而 Object 型態沒有這種方法。相反地，其真正的型態是不能表示的型態 —— 也就是這個型態不具有可以在 Java 程式碼裡表示變數型態的名稱。在程式執行環境下，型態只是編譯器指定的佔位符（在我們的範例中是 $0）。

程式設計師使用 var 型態作為「魔術型態」，可以針對 var 型態的每種用法保留型態資訊，直到方法結束。我們不能將這些型態從一個方法搬到另外一個方法，如果要這麼做，就必須宣告回傳值的型態，而這正是我們做不到的！

這些型態的應用性會因此受到限制 —— Java 的型態系統有很高的程度仍然是虛設系統，真正的結構型態似乎從未出現在這個語言裡。

最後，我們要再指出一點，從不能表示的型態這個觀點來看，也能充分理解許多泛型的進階用法（包括神秘的「捕捉？」錯誤），但這又是另外一個故事了。

JVM 為多重典範平台：
請利用這項特性提升
你的程式設計技巧

Russel Winder

Java 是一種命令式語言：Java 程式會告訴 JVM 什麼時候該做什麼事，
但是計算都是建立抽象化。Java 被吹捧為物件導向語言：Java 的抽象
層有物件和方法，並且呼叫方法來傳遞訊息。多年來，人們使用物件、
方法、更新狀態和顯式迭代，建構越來越龐大的系統，而且已經出現問
題。高品質測試「掩蓋」了許多問題，但程式設計師最終仍然「被駭客
入侵」，不得不解決各種問題。

隨著 Java 8 問世，Java 發生了革命性的變化：導入方法引用、Lambda
表達式、介面的預設方法、更高階的函式、隱式迭代以及其他各種做
法。在演算法實作方面，Java 8 導入一種非常不同的思維方式。

演算法有兩種非常不同的表達方式：命令式和宣告式思維。從 1980 年
代到 1990 年代期間，這些思維方式被認為既獨特又矛盾：我們經歷了
物件導向與函式語言程式設計的戰爭。Smalltalk 和 C++ 語言是物件導
向的王者，Haskell 語言則是支持函式語言。後來，C++ 不再是一種物
件導向語言，改將自身行銷為一種多典範語言；於是，Java 順勢成為物
件導向的王者，然而，隨著 Java 8 的出現，Java 已成為多典範語言。

回到 1990 年代初期，JVM 的建構方式是要讓 Java 可以移植到其他平
台——請回顧一下 Green 專案和 Oak 程式設計語言的歷史。JVM 最初
是用於製作網頁瀏覽器外掛程式，但後來迅速轉移成創造伺服器端的系
統。Java 編譯出與硬體環境無關的 JVM 位元組碼，再由轉譯器執行該
位元組碼。即時編譯器可以加速整個轉譯模型的執行速度，而無需更改
JVM 的計算模型。

隨著 JVM 成為非常熱門的平台，也創造出許多使用位元組碼作為目標平台的其他語言：Groovy、JRuby 和 Clojure 是使用 JVM 執行的動態語言；Scala、Ceylon 和 Kotlin 是靜態語言，尤其是 Scala 在 2000 年代後期表示，可以將物件導向和函式語言程式設計整合到單一的多典範語言中。Clojure 雖然是函式語言，但 Groovy 和 JRuby 從一開始就是多典範語言。Kotlin 吸取 Java、Scala、Groovy 等語言的經驗，為 2010 年代和 2020 年代創造 JVM 上的語言。

如果要讓 JVM 發揮最佳效益，我們應該針對問題選擇正確的程式語言，這並不是說只要用一種語言就可以解決所有的問題：我們可以對不同的位元使用不同的語言——這一切都是因為有 JVM 存在。因此，我們可以將 Java 或 Kotlin 用於表示靜態程式碼，效果最好，Clojure 或 Groovy 則最好用來處理動態程式碼位元。嘗試用 Java 撰寫動態程式碼會很痛苦，因此，有鑑於所有程式語言在 JVM 上的互通性，請使用正確的工具來完成這項工作。

掌握脈動，跟緊潮流

Trisha Gee

我在大學學過 Java 1.1 版（我希望這是因為大學使用的舊技術很舊，而不是因為我很老），那時 Java 夠小、我還很幼稚，以為自己已經學到所有需要的 Java 知識，而且認為自己會一輩子都是一名 Java 程式設計師。

從事第一份工作期間，那時我還在大學裡而且使用 Java 不到一年的時間，Java 1.2 版就發布了。它具有完全不同的使用者介面（UI）函式庫，稱為 Swing（*https://oreil.ly/6bJM0*），所以那個暑假我學習了 Swing，以便於利用它為我們的使用者提供更好的體驗。

幾年後畢業的第一份工作，我發現 Applet 出局了，Servlet 起來了，接下來的六個月裡，我學習了跟 Servlet 和 JSP（*https://oreil.ly/G_LNk*）有關的知識，以便於向我們的使用者提供線上註冊表格。

到了下一份工作，我又發現 Vector（*https://oreil.ly/uFBk4*）顯然不再使用，而是改用 ArrayList（*https://oreil.ly/VrWT3*），這讓我非常震驚。在我毫無所知的情況下，程式語言、資料結構這些本身非常基礎的部分究竟發生什麼變化？前兩個發現涉及程式語言的學習，第三個發現則是我以為我已經知道的事情卻發生變化，如果我不再上大學學習這些知識，那我要怎麼知道這些變化呢？

我很幸運，在早期從事的幾份工作中，身邊周遭的人意識到技術發生變化，而這些技術會影響到我開發的 Java 專案。這些人的角色應該是資深團隊成員——他們不只做上面交代的事，還會就如何做到這一點提出建議，並且幫助團隊其他成員也獲得改善。

為了以 Java 程式設計師的身份生存，你必須接受 Java 不是一個固定不變的語言，它不僅會進化出新版本，還會發展函式庫、框架，甚至是新的 JVM 語言。剛開始，這可能令人生畏、覺得勢不可擋，但是，保持最新狀態並不表示你必須學習其中的所有內容，只是意味著你要跟緊潮流、聆聽常用關鍵字並且了解技術趨勢，只有跟自身工作相關或個人感興趣（或理想情況下是兩者兼具）時，你才需要更深入地研究。

了解 Java 當前版本中的可用功能以及即將推出的 Java 版本中的可用功能，可以幫助你實作有助於使用者完成所需工作的功能，這意味著它可以幫助你提高開發效率。Java 現在每六個月會發布一個新版本，掌握 Java 脈動確實可以使你的生活更輕鬆。

註解的種類

Nicolai Parlog

假設你想在 Java 程式碼中增加一些註解,你會用 /** 、/* 還是 // ?你會將註解放在哪裡?除了這些語法,還有一些已經發展出來的實務做法,會附加註解用在何處的語義。

Javadoc 約定的註解

Javadoc 註解(包含在 /** ... */ 裡面的註解)專門用於類別、介面、欄位和方法,而且直接寫在它們前面。以下是 `Map::size` 的範例:

```
/**
 * 回傳這個 Map 裡,mapping 鍵值的數量。
 * 如果 Map 裡有超過一個以上的 Integer.MAX_VALUE 元素,則回傳
 * Integer.MAX_VALUE.
 *
 * @return 這個 Map 裡,mapping 鍵值的數量
 */
int size();
```

上面這個例子示範了語法和語義:*Javadoc 註解是一種約定,承諾 API 使用者期望的內容又不談論實作細節,從而使型態的中央抽象保持完整,同時也綁定實作者,以提供指定的行為。*

Java 8 藉 由 導 入 (非 標 準 化 的) 標 籤 @apiNote、@implSpec 和 @implNote,在將不同實作形式化的同時,稍微放鬆了這種嚴格性。前綴詞 api 或 impl 指定註解是針對使用者還是實作者;後綴詞則 Spec 或 Note 則闡明這個註解實際上是規範還是僅用於說明。請注意 @apiSpec 是怎麼不見的?這是因為註解裡未加標籤的文字應該扮演這個角色:指定 API。

說明背景的註解區塊

註解區塊會包含在 /* ... */ 裡面，要放在哪裡沒有限制，工具通常會忽略它們。常見的使用方法是放在類別或甚至是方法的程式碼前面，用以深入了解類別或方法的實作觀點，可能是技術細節，也可能是概述建立程式碼的背景（程式碼中的原因會告訴你發生什麼，註解則會告訴你這個原因）或未採用的路徑。你可以在 HashMap 裡找到一個很好的例子，目的是提供實作細節，註解內容開頭會像這樣：

```
/*
 * 實作說明
 *
 * 這個 map 經常作為 binned / bucketed hash table，
 * 但是當 bin 越來越大，就會轉換到 TreeNode 的 bin 底下，
 * 每個結構都會跟 java.util.TreeMap 裡的結構相似。
 * [...]
 */
```

根據經驗，第一個解決方案不會是最終的解決方案，當你權衡方案的利弊時，或是怪異要求或關聯函式庫的棘手 API 要塑造你的程式碼時，請考慮以文件記錄這些發展背景，你的同事和未來的自己會感謝你。

詭異的單行註解

單行註解是以 // 開頭，而且每行註解都必須重複這個符號。沒有限制在何處使用它們，但通常會放在需要註解的單行程式碼或程式碼區塊前面（而不是下方），工具會忽略單行註解——許多開發人員也是如此。單行註解通常用於說明程式碼的功能，經常被視為是不好的做法，但是在某些特定情況下還是很有用，例如，程式碼必須使用 Arcane 語言功能或是容易以微妙的方式破壞（並行是最典型的例子）。

結語

- 請確定你挑選了正確的註解類型。

- 請不要破壞期望。

- 請為你的程式碼加上註解！

認識 flatMap 方法

Daniel Hinojosa

軟體業界的職稱不斷變化，就像醫學界那樣，焦點可能是變得更廣或更專精，我們之中的某些人曾經**只是**程式設計師，現在則正在填補其他職位。**資料工程師**是最新的專業領域之一，負責管理資料、建立管道、過濾資料，對資料進行轉換並將資料建模自己或其他人所需的內容，利用 Stream 實現商業決策。

一般的程式設計師和資料工程師都必須掌握 flatMap，對任何功能強大的語言（例如，我們鍾愛的 Java）、大數據框架和 Stream 函式庫來說，它都是最重要的工具之一。flatMap 跟它的合作夥伴 map 和 filter 一樣，都適用於任何「容器」——例如，Stream<T> 和 CompletableFuture<T>。如果是標準函式庫以外，還可以使用 Observable<T>（RXJava）和 Flux<T>（Project Reactor）。

在 Java 裡，我們會使用 Stream<T>。map 的想法很簡單，就是取出 Stream 或集合的所有元素，並且對它套用函式：

```
Stream.of(1, 2, 3, 4).map(x -> x * 2).collect(Collectors.toList())
```

這會產生結果：

```
[2, 4, 6, 8]
```

如果我們改寫成以下的程式碼，會產生什麼結果？

```
Stream.of(1, 2, 3, 4)
    .map(x -> Stream.of(-x, x, x + 1))
    .collect(Collectors.toList())
```

不幸的是，我們得到一個 Stream 列表：

```
[java.util.stream.ReferencePipeline$Head@3532ec19,
 java.util.stream.ReferencePipeline$Head@68c4039c,
 java.util.stream.ReferencePipeline$Head@ae45eb6,
 java.util.stream.ReferencePipeline$Head@59f99ea]
```

但是，請思考一下。對於 Stream 的每個元素，我們當然都在建立另一個 Stream；更深入了解 map(x -> Stream.of(...))，你會發現對每個單一元素來說，我們都在建立複數。如果你是以複數執行 map，那麼現在該輪到 flatMap 爆發了：

```
Stream.of(1, 2, 3, 4)
      .flatMap(x -> Stream.of(-x, x, x+1))
      .collect(Collectors.toList())
```

這會產生我們要的目標結果：

```
[-1, 1, 2, -2, 2, 3, -3, 3, 4, -4, 4, 5]
```

使用 flatMap 的機會很多。

讓我們繼續進行一些更具挑戰性的工作：適合任何函式語言程式設計或資料工程的任務。請思考以下關係，其中省略 getter、setter 和 toString：

```
class Employee {
    private String firstName, lastName;
    private Integer yearlySalary;
    // getters、setters、toString
}
class Manager extends Employee {
    private List<Employee> employeeList;
    // getters、setters、toString
}
```

假設我們只有一個 Stream<Manager>，而且我們的目標是決定所有員工的薪水，包括**管理者**及其底下的**員工**。我們可能會受到誘惑，跳到 forEach，開始挖掘這些薪水。不幸的是，這會將我們的程式碼建模為資料結構，導致不必要的複雜性。更好的解決方案是採用相反的方式，將程式碼的資料結構化，**這就是 flatMap 的起源**：

```
List.of(manager1, manager2).stream()
    .flatMap(m ->
        Stream.concat(m.getEmployeeList().stream(), Stream.of(m)))
    .distinct()
    .mapToInt(Employee::getYearlySalary)
    .sum();
```

前面這個程式碼會取出每位管理者並且回傳一個複數──管理者及其底下的員工,然後利用 flatMap 對這些集合進行處理,建立一個 Stream 並且執行一次獨特的操作,以過濾出所有重複項。現在,我們可以將它們全部視為一個集合,接下來的工作就簡單了。首先,我們執行 Java 專用的呼叫 map ToInt,這個呼叫會取出**年薪**,然後回傳一個整數的 Stream 專用型態 IntStream。最後,我們對 Stream 進行總計,一份簡單明瞭的程式碼。

不論你是使用 Stream 還是其他類型的 C<T>(其中 C 是任何 Stream 或集合),在到達 forEach 或任何其他終端操作(例如,collect)之前,都要繼續使用 map、filter、flatMap 或 groupBy 處理資料。如果過早執行終端操作,會失去 Java Stream、Stream 函式庫或大數據框架賦予的所有惰性和最佳化。

認識 Java 集合框架

Nikhil Nanivadekar

集合是任何程式語言的主要內容，是構成常用程式碼的基本區塊之一，Java 語言很久以前就在 JDK 1.2 版中導入集合框架。許多程式設計師都將 ArrayList 作為實際使用的集合，但是，除了 ArrayList 之外，集合還有更多其他功能，讓我們來探討一下。

集合可以分類為有序（ordered）或無序（unordered），有序集合可以預測迭代順序，無序集合則無法預測迭代順序；另一種分類集合的方法是排序（sorted）或未排序（unsorted），排序集合中的元素會根據比較因子從頭到尾進行排序，未排序的集合則不會以元素為基礎排成特定序列。雖然排序和有序在英語中具有相似的含義，但在集合中永遠不能互換使用，重要的區別在於，有序集合可以預測迭代順序，但沒有排列順序；排序集合可以預測排列順序，因此也可以預測迭代順序。請記住一點：所有排序集合都是有序集合，但並非全部的有序集合都是排序集合。JDK 中有各種有序、無序、排序和未排序的集合，讓我們來看看其中的一些例子。

List 是有序集合介面，具有穩定的索引順序，允許插入重複的元素而且可以預測迭代順序。JDK 提供 List 實作，例如，ArrayList 和 Linked List。要尋找特定元素，可以使用 contains 方法，其操作會從頭開始走訪列表，因此在 List 中尋找元素屬於 O(n) 操作。

Map 是一個維護 key 和值對應關係的介面，而且只保留特定 key 值。如果將相同的 key 和不同的值新增到 map 裡，則舊的值會替換成新的值。JDK 提供 Map 實作，例如，HashMap、LinkedHashMap 和 TreeMap。HashMap 為無序，LinkedHashMap 為有序，兩者都依賴 hashCode 和 equals 來決定特定 key 值。TreeMap 為排序：根據**比較因子**或**比較** key 值的順序來進行排序。TreeMap 依靠 compareTo 來決定 key 值的排列順序和唯一性。尋找特定元素時，Map 提供 containsKey

和 containsValue 方法。 對 於 HashMap，containsKey 會 在 hash 表內部尋找 key 值，如果找到的結果是非空值的物件，則檢查傳遞給 containsKey 的 物件 是 否 相 等，containsValue 的 操作 會 從 頭 開 始走訪所有的值，因此，在 HashMap 中尋找 key 值屬於 O(1) 操作，在 HashMap 中尋找值則是 O(n) 操作。

Set 是 用 於 收集 特 定 元 素 的 介 面。 在 JDK 中，Set 由 Map 支 援，其中 key 值 是 元 素，值 為 null。JDK 提 供 Set 實 作，例 如，HashSet（由 HashMap 支 援 ）、Linked HashSet（由 LinkedHashMap 支 援 ）和 TreeSet（由 TreeMap 支援）。尋找特定元素時，Set 可以用 contains 方法；Set 上的 contains 方法是委託給 Map 的 containsKey，所以屬於 O(1) 操作。

集合是軟體拼圖裡重要的一塊，為了有效地使用它們，有必要了解它們的功能性和實作，最後一點但肯定不是最不重要的就是迭代模式的含義。使用這些通用的基本程式積木時，請記住閱讀文件並且撰寫測試。

請試試時下最夯的 Kotlin

Mike Dunn

在目前最常用的程式語言裡，Java 可能是最成熟和經過審查的語言，而且在可預見的將來，不太可能發生重大變化。為了推進程式語言應該做什麼的現代觀念，一些聰明的人決定編寫一種可以完成所有 Java 工作的新語言，再加上一些很酷的新東西，讓大家能輕鬆學習，還要具有相當大程度的互通性。像我這種多年來一直在同一個大型 Android 應用程式裡工作的人，決定在 Kotlin 中撰寫類別時，我並不需要移植全部的內容。

Kotlin 的目的是讓使用者撰寫更短、更乾淨、更現代化的程式碼，雖然 Java 的現代版本和預覽版確實解決了 Kotlin 管理的許多問題，但對於被困在 Java 7 和 Java 8 之間的 Android 開發人員，Kotlin 特別有用。

讓我們來看幾個範例，例如，Kotlin 針對模型的屬性建構模式。先從一個簡單的 Java 模型範例開始：

```java
public class Person {
  private String name;
  private Integer age;
  public String getName() {
    return name;
  }
  public void setName(String name) {
    this.name = name;
  }
  public Integer getAge() {
    return age;
  }
  public void setAge(int age) {
    this.age = age;
  }
}
```

建立一個特別的建構式，讓一些資料值初始化：

```
public class Person {
  public Person(String name, Integer age) {
    this.name = name;
    this.age = age;
  }
  ...
}
```

上面這個程式碼看起來還不錯，但是你可能會看到更多屬性，使這個非常簡單的類別定義很快變得臃腫。讓我們來看看 Kotlin 的類別寫法：

```
class Person(val name:String, var age:Int)
```

就是這樣！另一個簡潔的例子是委託，Kotlin 的委託允許你為任意數量的讀取操作提供邏輯。舉個例子是惰性初始化，這是 Java 開發人員必定熟悉的概念，看起來就像以下這樣的程式碼：

```
public class SomeClass {
  private SomeHeavyInstance someHeavyInstance = null;
  public SomeHeavyInstance getSomeHeavyInstance() {
    if (someHeavyInstance == null) {
      someHeavyInstance = new SomeHeavyInstance();
    }
    return someHeavyInstance;
  }
}
```

同樣地，這也不會太可怕，只要簡單地完成配置即可，只是可能會在程式碼中重複相同的程式碼，這違反 DRY 原理（Don't Repeat Yourself／請不要重複程式碼本身）。此外，這也不符合執行緒安全。以下是 Kotlin 版本：

```
val someHeavyInstance by lazy {
  return SomeHeavyInstance()
}
```

簡短、甜美而且易讀，所有樣板都好好地隱藏在掩護之下，哦，這也符合執行緒安全。null 安全性也是一個很大的升級，在 Kotlin 中，你會看到許多空值引用後跟著問號運算子：

```
val something = someObject?.someMember?.anotherMember
```

以下範例是用 Java 做同一件事：

```java
Object something = null;
if (someObject != null) {
  if (someObject.someMember != null) {
    if (someObject.someMember.anotherMember != null) {
      something = someObject.someMember.anotherMember;
    }
  }
}
```

檢查 null 的運算子（?）會立即停止評估，只要鏈中的任何引用對象解析為 null，就立即回傳 null。

最後讓我們停在另外一個殺手級功能：協程。簡而言之，協程可以執行與呼叫程式碼異步的工作，雖然該工作可能會移交給一定數量的執行緒，但需要特別注意的是，即使一個執行緒處理多個協程，Kotlin 仍會執行一些背景切換的魔術，同時運行多個作業。雖然可以配置特定行為，但協程本質上會使用專用執行緒池，會在單個執行緒內切換背景。既然是 Kotlin，程式碼可以花哨、精緻和過度設計，不過預設情況下的程式碼也非常簡單：

```kotlin
launch {
  println("Hi from another context")
}
```

不過，請注意執行緒和協程之間的區別，例如，在一個工作中呼叫 object.wait()，會暫停所有在執行緒中運行的其他工作。請試用一下 Kotlin，看看你有什麼想法。

學習 Java 慣用寫法並且儲存在大腦的快取記憶體裡

Jeanne Boyarsky

身為程式設計師,我們經常需要執行一些工作任務,常見的情況像是檢查資料並且套用條件。以下這兩種方法都可以計算列表中有多少個正數:

```java
public int loopImplementation(int[] nums) {
  int count = 0;
  for (int num : nums) {
    if (num > 0) {
      count++;
    }
  }
  return count;
}

public long streamImplementation(int[] nums) {
  return Arrays.stream(nums)
              .filter(n -> n > 0)
              .count();
}
```

以上這兩個函式所做的事情都一樣,而且都使用常見的 Java 慣用寫法。慣用寫法常用於表達社群普遍同意的某些小型函式,了解如何不花時間思考就能快速撰寫這些函式的程式碼,可以加快撰寫程式碼的速度。撰寫程式碼時,請尋找類似這樣的模式,甚至可以練習慣用寫法以加快寫程式的速度,透過記憶方式來學習。

像迴圈、條件式和 Stream 這類的慣用寫法,所有 Java 程式設計師都可以用,其他慣用寫法就要視你手上正在處理的程式碼類型而定。例如,我經常使用一般表達式和檔案 I/O,以下程式碼是我在檔案 I/O 中常用的一種慣用寫法,用於讀取一個檔案、刪除所有空白行,然後將其寫回檔案:

```
Path path = Paths.get("words.txt");
List<String> lines = Files.readAllLines(path);
lines.removeIf(t -> t.trim().isEmpty());
Files.write(path, lines);
```

如果我所處的團隊,檔案無法容納在記憶體裡,那麼我就不得不使用其他程式設計的慣用寫法,但是,我處理的是小檔案,所以這點不是問題,只要四行程式碼就能執行強大的功能,不僅方便而且 CP 值高。

使用這些慣用寫法時,請注意:不論你的工作任務是什麼,多數程式碼都可以通用。如果想獲得負數或奇數,只需更改 if 陳述式或是過濾條件;如果想移除所有超過 60 個字元長的行數,只需更改 removeIf 中的條件即可:

```
lines.removeIf(t -> t.length() <= 60);
```

不管怎樣,我心裡正在思考的是我要實現的目標,而不是尋找如何讀取檔案或計算數值的方法,這是我在很久以前就學到的一種慣用寫法。

關於慣用寫法,有一件有趣的事情是,你不一定是在有意識的情況下學習它們。我從來都不是坐下來決定我要學習哪些慣用寫法,將它們用於讀寫檔案,我是從大量的使用經驗中學到慣用寫法。反覆查詢資訊可以幫助你學習,或者至少可以幫助你知道在哪裡找到資訊。例如,我記不太住一般表達式的旗標,我只知道它們在做什麼,常常把 ?s 和 ?m 搞混,但是我已經查詢很多次,多到我知道應該在 Google 上查詢關鍵字「javadoc 模式」,就能獲得答案。

結論是,把你的大腦當作快取記憶體,了解慣用寫法和常用函式庫的 API 呼叫,知道在哪裡可以快速查詢其餘部分,這能釋放你的精力,讓大腦處理困難的事物!

學習建立程式套路，教學相長

Donald Raab

每個 Java 開發人員都需要學習新技能，並且對現有技能保持敏銳性。Java 生態系統非常龐大，而且還在不斷發展。要學習的東西太多，追趕未來前景可能令人生畏，但如果我們形成一個社群共同努力、共享知識和實踐，就能幫助彼此在這個瞬息萬變的空間中持續前進，而取得、建立與共享程式套路是實現這個目標的方法之一。

程式套路是一種動手練習程式設計的做法，可以幫助你透過練習來磨練特定技能。一些程式套路會提供結構，藉由通過單元測試來驗證已經獲得的技能。程式套路是開發人員和未來的自己以及其他開發人員分享實踐練習的好方法。

如何建立第一個程式套路，方法如下：

1. 選擇你要學習的主題。

2. 撰寫一個單元測試，通過測試就能證明某些知識。

3. 重複重構程式碼，直到你對最終解決方案感到滿意為止；每次重構後，請確定程式碼已通過單元測試。

4. 刪除練習中的解決方案，並且留下失敗的測試。

5. 將有程式碼支持的失敗測試簽入版本控制系統（version control system，VCS），並且建構封裝成品。

6. 將你的原始程式碼開放與他人共享。

接下來，我會展示如何建立一個小型的程式套路，請按照以下四個步驟：

步驟 1. 設定主題:學習如何在 List 裡組合字串。

步驟 2. 利用 JUnit 撰寫單元測試,顯示如何在 List 裡組合字串。

```
@Test
public void joinStrings() {
   List<String> names = Arrays.asList("Sally", "Ted", "Mary");
   StringBuilder builder = new StringBuilder();
   for (int i = 0; i < names.size(); i++) {
     if (i > 0) {
        builder.append(", "); }
        builder.append(names.get(i));
     }
     String joined = builder.toString();
     Assert.assertEquals("Sally, Ted, Mary", joined);
}
```

步驟 3. 重構程式碼以使用 Java 8 的 `StringJoiner` 類別,重新執行測試:

```
StringJoiner joiner = new StringJoiner(", ");
for (String name : names) {
   joiner.add(name);
}
String joined = joiner.toString();
```

重構程式碼以使用 Java 8 的抽象層 Stream,重新執行測試:

```
String joined = names.stream().collect(Collectors.joining(", "));
```

重構程式碼以使用 `String.join` 方法,重新執行測試:

```
String joined = String.join(", ", names);
```

步驟 4. 刪除解決方案,並且在失敗的測試裡留下註解:

```
@Test
public void joinStrings() {
   List<String> names = Arrays.asList("Sally", "Ted", "Mary");
   // 組合名字並且分別以「,」隔開
   String joined = null;
   Assert.assertEquals("Sally, Ted, Mary", joined);
}
```

我把步驟 5 和步驟 6 留給各位讀者練習,接下來就交給你們囉。

以上這個例子雖然簡單,但足以說明如何自己建立程式套路,你可以變化不同的複雜程度,還有利用單元測試來提供我們需要建立信心和理解的結構。

請重視自己的學習和知識，當你學到有用的東西時，請把它寫下來。將實際練習過的內容保存下來，日後可以回顧事物的運作方式，對你會很有幫助。從程式套路中獲取知識和探索經驗，這些你用過的套路不僅能磨利你的技能，也可能對他人產生價值。

我們都有東西要學，也都有東西能教給別人。當我們與他人分享自己學到的知識時，就能改善整個 Java 社群。幫助我們自己和志同道合的 Java 開發人員，大家一起共同提升撰寫程式的技巧，這是十分重要的事。

請學著愛上傳統系統裡的程式碼

Uberto Barbini

什麼是傳統系統？傳統系統是很舊而且很難維護、擴展和改進的軟體；另一方面，它也是一個正在運行並且為企業服務的系統，否則，它就無法繼續生存。

這些傳統系統當初創建時，也許是一套具有出色設計的系統，其設計好到人們開始說：「好吧，也許我們也可以將這套系統用在這裡、這裡還有那裡。」於是，它變成充滿技術債務但仍然可以運作的系統，這些系統具有驚人的彈性。

儘管如此，開發人員依然討厭在傳統系統上工作，而且系統裡的技術債務多到任何人都無法償還，也許我們應該宣布破產再繼續前進，會容易得多。

然而，如果你真的必須維護傳統系統，該怎麼辦？當你必須為其修復錯誤時又該怎麼辦？

解決方案一：膠帶。硬著頭皮修正缺陷──「好吧，雖然我們有一天可能會後悔，但現在讓我們複製、貼上，只是為了解決問題。」如果你從這裡下手，只會讓情況變得更糟，這就跟廢棄的建築物一樣，它可能長時間保持完好無損，然而一旦有一個窗戶破損，很快就不會有任何一個窗戶完好如初，只要看到一個破碎的窗戶就會鼓勵人們打破其他窗戶，這就是所謂的破窗定律。

解決方案二：遺忘傳統系統，然後從頭開始重寫。你能想像這個解決方案的問題是什麼嗎？重寫一個系統通常無法進行或永遠不會完成，這點來自倖存者偏差（survivorship bias，*https://oreil.ly/lKSDd*）。當你看到傳統系統的程式碼，然後說：「哦，拜託，如果撰寫這個可怕程式碼的

人都能夠使其正常運作，那有什麼困難。」但事實並非如此，你可能認為這份程式碼很糟，但是它已經經歷過許多戰鬥而且生存下來，你想從頭開始，可是你不知道過去那些戰鬥故事，而且已經失去了許多有關那個領域的知識。

所以我們該怎麼辦？在日本，有一種藝術叫金繕修復（kintsugi，*https://oreil.ly/F4AZX*）。當貴重物品破裂但不想扔掉時，人們會使用金粉沿著裂縫黏在一起，金色強調物品破裂，但仍然美麗。

或許我們從錯誤的角度看待傳統系統的程式碼嗎？我並不是說應該幫傳統系統的程式碼鍍金，而是我們應該學習如何以令我們感到自豪的方式修復傳統系統。

扼制模式（strangler pattern，*https://oreil.ly/SWJFc*）讓我們能精確地執行這項操作，這個模式以無花果樹環繞其他樹的生存方式命名（這不是謀殺！*https://oreil.ly/jficR*），無花果樹在生長過程中會逐漸纏繞在寄生樹上，寄生樹會逐漸枯萎，最後只剩下無花果樹圍繞著一個空殼。

同樣地，我們開始動手將完全測試過的嶄新、乾淨的程式碼替換掉原本發臭到令人難以忍受的程式碼，然後，由此開始建立一個新的應用程式。這個新的應用程式在原本舊的應用程式上潛行，直到完全取代掉它。

即使我們最後無法完全取代掉舊有系統的程式碼，新舊混合也比讓系統老舊爛掉要好得多，這種做法比完全重寫安全得多，因為我們會不斷驗證新行為，如果出現錯誤，一定可以回溯到前一個版本。

傳統系統的程式碼值得擁有多一點愛。

學習使用 Java 新特性

Gail C. Anderson

Java 8 導入 Lambda 和 Stream 這兩個改變遊戲規則的特性,為 Java 程式設計師提供重要的程式語言結構。從 Java 9 開始,每六個月發布一個新版本,每個版本都會釋出更多特性。你應該關心這些新特性,因為它們可以幫助你撰寫更好的程式碼,而且,將新的程式語言典範納入撰寫程式的工具庫可以提高你的技能。

討論 Stream 本身及其如何支持函式語言程式設計風格、減少龐大程式碼並且提高程式碼可讀性,關於這些方面的文章很多。我們先來看一個 Stream 的範例,此處並不是要說服你在所有地方都使用 Stream,而是想吸引你學習這項從 Java 8 開始導入的特性與其他 Java 特性。

我們的範例是根據收集到的血壓監測資料,計算收縮壓、舒張壓和脈搏的最大值、平均值和最小值,並且利用 JavaFX 條形圖將這些計算出來的摘要統計資料視覺化。

以下是 BPData 模型類別的一部分,僅顯示我們需要的 getter 方法:

```java
public class BPData {
  ...
  public final Integer getSystolic() {
    return systolic.get();
  }
  public final Integer getDiastolic() {
    return diastolic.get();
  }
  public final Integer getPulse() {
    return pulse.get();
  }
  ...
}
```

JavaFX 條形圖為視覺化創造出一種魔力。首先，我們需要建立正確的系列，並且將轉換後的資料輸入到條形圖物件裡，由於每個系列都會重複這項操作，合理來說，要建立一個方法針對條形圖系列和存取這個資料所需的特定 getter 方法 BPData 進行參數化。我們的原始資料儲存在變數 sortedList，該變數會依照日期排序 BPData 集合裡的元素。以下是建立圖表資料的 computeStatData 方法：

```java
private void computeStatData(
        XYChart.Series<String, Number> targetList,
        Function<BPData, Integer> f) {
    // 最大值
    targetList.getData().get(MAX).setYValue(sortedList.stream()
        .mapToInt(f::apply)
        .max()
        .orElse(1));
    // 平均值
    targetList.getData().get(AVG).setYValue(sortedList.stream()
        .mapToInt(f::apply)
        .average()
        .orElse(1.0));
    // 最小值
    targetList.getData().get(MIN).setYValue(sortedList.stream()
        .mapToInt(f::apply)
        .min()
        .orElse(1));
}
```

參數 targetList 是條形圖系列資料，和收縮壓、舒張壓或脈搏資料其中一個相對應。我們想建立一個條形圖，對應每個系列的最大值、平均值和最小值，因此，我們要將圖表的 Y 值設定為這些計算值，第二個參數是 BPData 的特定 getter 方法，以方法引數傳入，將其用於 Stream 的 mapToInt 方法中，存取該系列的特定值，每個 Stream 序列會回傳原始資料的最大值、平均值或最小值。如果原始資料 Stream 是空的，每個 Stream 方法結束時都會回傳 orElse（Optional 物件），則條形圖顯示佔位符值為 1（或 1.0）。

以下程式碼說明如何呼叫 computeStatData 方法，這個便利的方法引用符號讓你可以輕鬆地為每個資料系列指定想要呼叫 BPData 的哪一個 getter 方法：

```java
computeStatData(systolicStats, BPData::getSystolic);
computeStatData(diastolicStats, BPData::getDiastolic);
computeStatData(pulseStats, BPData::getPulse);
```

在 Java 8 以前的版本裡，要撰寫這類的程式碼非常麻煩。隨著 Java 不斷改進，學習和使用 Java 的新特性是一項值得掌握的技能。

至於下一個要了解的特性，學習檢查 Java 14 的 record 語法（預覽功能），用以簡化 BPData 類別，如何呢？

學習使用 IDE 來
減輕認知負荷

Trisha Gee

我任職於一家銷售 IDE 軟體的公司，我接下來要談的當然就是你應該了解 IDE 的工作原理並且正確地使用它。在此之前，我花了 15 年的時間，使用過多個 IDE，了解 IDE 如何幫助開發人員創造有用的東西，以及如何使用它們輕鬆地讓任務自動化。

我們都知道 IDE 提供的功能是突顯程式碼的內容，並且顯示程式碼裡的錯誤和潛在問題，但是任何一款 Java IDE 能做的事遠不只如此，了解 IDE 能做哪些事，將 IDE 所具有的功能應用於日常工作，有助於提高生產力。

例如，IDE：

- 可以為你產生程式碼，所以你不需要輸入程式碼。Getter 方法、setter 方法、equals、hashCode 和 toString 都是最常見的例子。

- 具有重構工具，可以讓程式碼自動往特定方向移動，同時也能讓編譯器開心。

- 可以執行測試並且幫助你偵錯問題。如果使用 System.out 進行偵錯，花費的時間會比你在程式執行環境下檢查物件值的時間還長。

- 應該跟你的建構與相依性管理系統整合在一起，這樣開發環境的運作方式才能和測試與生產環境相同。

- 甚至能為應用程式的程式碼提供外部的工具或系統，例如，版本控制、資料庫存取或審視程式碼（請記住，IDE 中的 I 代表整合）。你不必離開工具，就能進行軟體交付管道裡各個面向的工作。

IDE 可以讓你以自然的方式瀏覽程式碼 —— 尋找呼叫這段程式碼的方法，或者是進入呼叫這個程式碼的方法。只要按幾次快捷鍵就可以直接移動到檔案（甚至是特定的程式碼片段），不需使用滑鼠就能瀏覽檔案結構。

撰寫程式碼時，你所選擇的工具應該幫助你專注思考手上正在開發的內容，而不是思考如何撰寫程式碼的複雜性。將這些繁瑣的工作交給 IDE，可以減少認知負擔，並且將更多的腦力花在你要解決的業務問題上。

讓我們立下約定：
Java API 的設計藝術

Mario Fusco

開發人員使用 API 完成某些工作任務，更準確地說，API 在工作任務和軟體設計者之間建立約定，並且透過 API 公開服務。就這個意義層面來說，我們都是 API 的設計人員：我們所撰寫的軟體並非獨自運作，只有與其他開發人員撰寫的其他軟體互動時才能發揮作用。撰寫軟體時，我們不僅是消費者，而且還是一個或多個 API 的提供者，基於這個原因，每個開發人員都應該了解優質 API 的特性以及如何實現它們的方法。

首先，優質 API 應該易於理解和探索，在理想的情況下，使用者應該不需閱讀文件就能開始使用 API，並且能了解其工作方式。要達成這個目標，使用一致的命名慣例就變得十分重要，這點聽起來似乎很明顯，但是，即使在標準的 Java API 裡，也很容易發現未遵循這個建議的情況。例如，你可以呼叫 `skip(n)` 跳過 Stream 的前 *n* 個項目，這個方法會依序跳過所有 Stream 的項目直到其中一個項目無法滿足 Predicate 介面 `p`，那麼我們可以為這個方法取什麼好名字？合理的名稱會是 `skipWhile(p)`，但事實上這個方法稱為 `dropWhile(p)`。`dropWhile` 這個名稱本身雖然沒有任何錯誤，但是跟我們要執行的操作「**跳過**」不一致，只是非常類似，所以請不要用這種名稱。

另一種讓 API 易於使用的方法是保持 API 最小化，概念是減少學習和維護的成本；同樣地，你也能在標準的 Java API 中找到破壞這項簡單原則的例子。`Optional` 類別具有**物件**的**靜態**工廠方法，該方法是建立一個 `Optional` 類別，將傳遞給它的物件封裝起來。順帶一提，使用工廠方法取代建構式是另一種有價值的實務做法，因為它可以提供更大的彈性：如此一來，使用非法參數呼叫該方法時，可以回傳子類別的實體，或者甚至是回傳 `null`。不幸的是，為了防止類別發生 `NullPointerExceptions`（NPE）錯誤，使用 `null` 呼叫 `Optional.of`

時會引發錯誤訊息 NullPointerException。這不僅破壞了會讓我們錯愕的原則（這是我們設計 API 時要考慮的另一件事），而且還要求導入第二種**可為空值**的方法：使用 null 呼叫時，會回傳空的 Optional 類別。of 方法具有不一致的行為，在正確實作的情況下，則可能忽略 ofNullable。

其他可以改善 API 的好建議還有：將大型介面拆解成較小的區塊；思考如何實作一個流暢的 API，此時，Java Stream 就是一個很好的例子；永遠不要回傳 null，改用空集合和 Optional 類別；限制例外情況的使用，並且盡可能避免檢查例外情況。關於方法參數：請避免一長串列表的參數，尤其是相同型態的列表；盡可能使用最弱的型態；讓參數在不同的過載之間保持一致的順序；考慮可變參數。此外，優質 API 本身雖然不言而喻，但不表示你就不應該對其進行清晰而且全面的記錄。

最後一點，請不要期望第一次就能撰寫出很厲害的 API。設計 API 是一個反覆的過程，而自產自銷是驗證和改進 API 的唯一方法。針對 API 撰寫測試和範例，並且與同事和使用者進行討論。重複多次這樣的過程，消除不明確的意圖、冗餘程式碼和缺失的抽象層。

讓程式碼簡潔又好懂

Emily Jiang

我非常喜歡簡單易讀的程式碼,每行程式碼應該盡可能不言而喻,每行程式碼都應該是必要的內容。想要讓程式碼達到簡單易讀,可以從兩個方面著手:格式和內容,以下這些技巧可以幫助你撰寫簡單易讀的程式碼:

使用縮排讓程式碼排版清楚。

請堅持使用這項技巧。如果你是參與專案的工作,專案裡應該有一個程式碼範本,團隊中的每個人都應採用相同的程式碼格式。請不要將空格與 tab 搞混,我會在 IDE 配置下設定一定要顯示空格和 tab,以便於可以發現兩者混用的情況並且及時修復(以我個人而言,我喜歡空格)。請選擇空格或 tab,並且堅持下去。

使用有意義的變數名稱和方法名稱。

如果程式碼不言而喻,那麼維護起來會容易得多。使用有意義的識別碼,程式碼會自己說話,無需單行註解來說明其功能。請避免使用單一字母作為變數名稱,如果變數和方法名稱具有明確的含義,通常不需要註解來解釋程式碼在做什麼。

如有必要,請在程式碼裡加上註解。

如果程式碼的邏輯非常複雜(例如,regex 查詢等),請使用文件解釋程式碼嘗試執行的操作。一旦程式碼加上註解,就要確保它們能得到維護,未經維護的註解會引起混亂。如果你必須警告維護人員某些事情,請一定要以文件記錄並且突顯出註解,例如,在註解開頭加上「警告」;只要原始作者表達自己的意圖或在某處發出警告,有時可以更輕鬆地發現並修復錯誤。

不要簽入已經註解掉的程式碼。

刪除你已經註解掉的程式碼可以提高可讀性。為什麼要註解掉程式碼，常見的論點之一是某天可能會需要這些被註解掉的代碼，但事實是，這些程式碼可能會在那裏放很多年，不僅得不到維護還會引起混亂。即使有一天你想取消註解，但由於基礎可能已經發生重大變化，程式碼區塊可能也無法按預期進行編譯或運作。請不要猶豫，只要刪除掉就對了。

不要加入將來可能有用的程式碼，造成過度設計。

如果你的任務是提供某些功能性，請不要納入其他推測性邏輯，造成過度設計的情況，任何額外的程式碼都有導入錯誤和增加維護負擔的風險。

避免撰寫冗長的程式碼。

請努力撰寫更少行數的程式碼來完成任務，太多行數的程式碼會導入更多錯誤。首先，請透過腦力激盪完成任務的原型，然後完善程式碼，確保每一行程式碼都有很強的存在理由。如果你是管理者或架構師，請不要根據開發人員交付的程式碼行數來評斷開發人員，而是要根據其程式碼的簡潔程度和可讀性。

如果尚未學習函式語言程式設計，請趕快學習。

請使用 Java 8 中導入的性能，例如，Lambda 和 Stream，這些性能的優點之一是有助於提高程式碼的可讀性。

採用結對程式設計。

結對程式設計是初級開發人員向經驗豐富人員學習的好方法，也是撰寫有意義程式碼的好方法，因為你必須向其他人解釋你的選擇和推論。良好的過程會鼓勵你謹慎撰寫代碼，而不是亂丟程式碼。

如果程式碼簡單易讀，錯誤會更少：複雜的程式碼可能包含更多錯誤，不易理解的程式碼可能會有更多錯誤。希望這些技巧可以幫助你提高技能和程式碼品質，提供簡單易讀的程式碼！

讓你的 Java 程式 Groovy 化

Ken Kousen

螢幕上的顏色像是開啟科幻小說的第一行，我凝視著程式碼，擔心今晚永遠無法完成工作。此時，小隔間的隔板上傳來敲門聲，我的主管正站在那裏，等著我的回應。

她說，「進行得如何了？」

我嘆了口氣說，「Java 的語法太冗長了。我只想從服務裡下載一些資料，並且將資料儲存到資料庫，現在我在編譯器、工廠方法、函式庫程式碼，try/catch 區塊間游移……」

「你只要新增 Groovy 就可以啦。」

「咦？會有什麼幫助嗎？」

我的主管坐下並且說，「介意我示範一下嗎？」

「請。」

「讓我快速示範給你看。」於是，她打開命令提示符並且輸入 groovyConsole，螢幕上出現一個簡單的 GUI。她接著說，「假設你想知道目前太空中有多少位太空人，Open Notify（*https://oreil.ly/oysGk*）可以為你提供這項服務。」

她在 Groovy 控制台裡執行以下的操作：

```
def jsonTxt = 'http://api.open-notify.org/astros.json'.toURL().text
```

JSON 語法回應了太空人的人數、狀態訊息，還有根據每艘太空船顯示每個太空人相關的巢式結構物件。

我的主管解釋說，「Groovy 將 toURL 新增到 String 中，生成 java.net.URL 之後再將 getText 新增到 URL 中，最後取出資料讓你能以**文字**存取。」

我說，「這太美好了。現在，我必須將結果映射到 Java 類別裡，並且使用 Gson 或 Jackson 之類的函式庫。」

「不，如果你想要的只是太空裡的人數，只要使用 Json Slurper。」

「什麼？」

她輸入以下的程式碼：

```
def number = new JsonSlurper().parseText(jsonTxt).number
```

她說，「parseText 方法會回傳**物件**，但我們不在乎這裡的型態，只要從這裡深入即可。」

原來，太空中的國際太空站上目前有六位太空人。

我說，「好，但我想將回應的內容解析成類別，該怎麼做呢？ Gson 有接口可以連接 Groovy 嗎？」

她搖搖頭說，「不需要，那些在檯面下都是位元組碼，你只需要將 Gson 類別實體化，然後跟平常一樣呼叫。」

```
@Canonical
class Assignment { String name; String craft }
@Canonical
class Response { String message; int number; Assignment[] people }
new Gson().fromJson(jsonTxt, Response).people.each { println it }
```

「Canonical 註解會為每個類別加入 toString、equals、hashCode、預設建構子、命名參數建構子和多元組建構子。」

「這太棒了！現在我要如何將太空人儲存在資料庫裡呢？」

「很簡單，讓我用 H2 作為範例。」

```
Sql sql = Sql.newInstance(url: 'jdbc:h2:~/astro',
                          driver: 'org.h2.Driver')
sql.execute '''
 create table if not exists ASTRONAUTS(
   id int auto_increment primary key,
   name varchar(50),
   craft varchar(50)
 )
 '''
response.people.each {
```

```
sql.execute "insert into ASTRONAUTS(name, craft)" +
            "values ($it.name, $it.craft)"
}
sql.close()
```

「Groovy 的 Sql 類別建立表格的方法是使用多行字串和插入字串差值。」

```
sql.eachRow('select * from ASTRONAUTS') {
 row -> println "${row.name.padRight(20)} aboard ${row.craft}"
}
```

她說,「完成了,現在你以格式把所有結果印出來。」

我盯著結果問,「如果用 Java 寫,你知道會需要多少行程式碼嗎?」

她冷冷一笑說,「很多。順帶一提,Groovy 不會檢查所有的例外情況,所以你甚至不需要 try/catch 區塊。如果我們使用 withInstance 而不是 newInstance,連結也會自動關閉。夠好了吧?」

我點點頭。

「現在你只需要將不同的部分封裝到同一個類別裡,就可以從 Java 呼叫它。」她離開之後,留下我期待讓剩下的程式碼也 Groovy 化。

建立最低限度的建構函式

Steve Freeman

我經常看到的模式之一是在建構函式中完成重要工作：接收一組參數並且將其轉換為欄位的值。建構函式通常看起來會像以下這樣的程式碼：

```
public class Thing {
    private final Fixed fixed;
    private Details details;
    private NotFixed notFixed;
    // 更多欄位

    public Thing(Fixed fixed,
                 Dependencies dependencies,
                 OtherStuff otherStuff) {
        this.fixed = fixed;
        setup(dependencies, otherStuff);
    }
}
```

此處假設**安裝程序**會根據**相依性**和**其餘項目**初始化剩下的欄位，但是從建構函式的簽章中，我不清楚建立新實體所需的值是什麼。同樣地，不清楚的地方還有哪些欄位可以在物件的生命週期內更改，因為除非將它們在建構函式中初始化，否則無法將它們更改為 final。最後，此類別很難進行單元測試，如果要對其進行實體化，必須在傳遞給**安裝程序**的參數中建立正確的結構。

更糟的是，我偶爾還會看到以下這樣的建構函式：

```
public class Thing {
    private Weather currentWeather;
    public Thing(String weatherServiceHost) {
        currentWeather = getWeatherFromHost(weatherServiceHost);
    }
}
```

這種建構函式需要連接網路和建立實體服務，幸運的是，這種情況現在很少見了。

過去要完成所有這些工作，最好的做法是透過「封裝」行為，更容易建立實體。我相信這種方法是 C++ 的傳統做法，程式設計師可以有創意地使用建構函式和解構函式來控制資源。如果每個類別都管理自己內部的相依性，在繼承層次結構中合併類別會更容易。

受到過去在 Modula-3 的經驗啟發，我偏好使用這種方法（*https://oreil. ly/t2t4G*）：建構函式需要做的事只有將值指定給欄位，唯一的工作是建立一個有效的實體。如果還有更多工作要做，我會使用工廠方法：

```java
public class Thing {
    private final Fixed fixed;
    private final Details details;
    private NotFixed notFixed;

    public Thing(Fixed fixed, Details details, NotFixed notFixed) {
        this.fixed = fixed;
        this.details = details;
        this.notFixed = notFixed;
    }

    public static Thing forInternationalShipment(
            Fixed fixed,
            Dependencies dependencies,
            OtherStuff otherStuff) {
        final var intermediate = convertFrom(dependencies, otherStuff);
        return new Thing(fixed,
                         intermediate.details(),
                         intermediate.initialNotFixed());
    }

    public static Thing forLocalShipment(Fixed fixed,
                                         Dependencies dependencies) {
        return new Thing(fixed,
                         localShipmentDetails(dependencies),
                         NotFixed.DEFAULT_VALUE);
    }
}

final var internationalShipment =
    Thing.forInternationalShipment(fixed, dependencies, otherStuff);
final var localShipment = Thing.forLocalShipment(fixed, dependencies);
```

Java 程式設計師應該知道的 97 件事

這個方法的優點是：

- 我現在非常清楚實體欄位的生命週期。

- 我從物件的使用中分隔出用於物件實體化的程式碼。

- 與建構函式不同，工廠方法的名稱可以描述自己。

- 類別及其實體更容易分開進行單元測試。

缺點是不能在繼承層次結構中共享建構函式實作的程式碼，不過，這一點可以透過支持的輔助方法來存取，採用提示的方法來避免深度繼承，可以更有效地解決這個問題。

最後，對我來說，這也是使用相依性注入框架時，必須謹慎的原因。如果建立的物件很複雜，就將所有內容都放入建構函式中，因為這樣才能讓以映射為基礎的工具更容易使用，這種做法讓我感到反感。一般來說，我們可以註冊工廠方法來取代建立新實體。同樣地，使用映射直接為「封裝」（或避免撰寫建構函式）設置私有欄位會破壞型態系統，使單元測試更加困難，最好還是建立最低限度的建構函式來設定欄位。請謹慎使用 @Inject 或 @Autowired 註解，讓所有內容清楚明確。

請為時間函式作適當的命名

Kevlin Henney

`java.time` 逐漸佔據上風,所以 `java.util.Date` 慢慢地遲早有一天一定會被淘汰,因此,值得停下腳步,在它安息之前,從它目前的困境中學到一些經驗。

最明顯的經驗是處理日期／時間比人們所想的還難,即使他們本來就預期如此。相信自己了解日期和時間的程式設計師一定會需要審視程式碼,這是普遍公認的事實,但這不是本文關注的重點,也不是不可變異性對於 Value 型態的重要性,當然更不是使類別(不適用)適合於子類別化的原因,或是如何使用類別而非整數來表示充血領域。

原始程式碼由空格、標點和名稱組成,所有這些組成的目的都是要將程式碼的含義傳達給讀者,其中名稱是帶有(或隱含)最多意義的地方,所以名稱很重要,真的非常重要。

給定名稱後,如果 Date 代表日曆上的日期,也就是特定的某一天,那就太好了……但並非如此,Date 代表一個時間點,我們可以將其視為具有日期的元件,通常稱為 日 期／時 間,如果放入程式碼中,則稱為 `DateTime`。時間也有作用,因為它是掌握一切的概念,有時很難找到正確的名稱,但在這個情況下不會。

現在我們了解日期、日期／時間和 Date 的含義了,那麼 `getDate` 的作用是什麼?它會回傳整個日期／時間值嗎?也許只有特定日子的部分嗎?都不是:它會回傳某個月裡的某一天。在程式設計圈裡,通常會更具體地稱這個值為所屬月份的某一天,而非日期,通常會保留這個術語來表示日曆上的日期。

而且,此處會將 `getDay` 命名為更適當的名稱 `getDayOfWeek`。選擇正確的名稱不僅重要,更重要的是可以識別並且解決含糊不清的用語,例如,(某個星期、某個月、某年……)的某 一 天。請注意,最好選擇一個更適當的名稱而非利用 Javadoc 來解決命名問題。

名稱與慣例兩者會綁在一起，彼此息息相關。談到慣例，我寧可選擇一種就好（不需要很多），寧可使用一種能表達清楚、大家公認而且易於使用的慣例，也不要使用那些擁有利基但容易出錯的約定（是的，C 語言，我就是在說你）。

例如，阿波羅 11 號於 1969 年（CE，UTC 等等）7 月 20 日（第七個月）20:17 登陸月球。但是，如果你呼叫 getTime、getDate、getMonth 和 getYear 並且期望能得到這些數字，那你會感到失望：getTime 是回傳從 1970 年起的毫秒負數；getDate 回傳 20（一如預期，從 1 開始計數）；getMonth 回傳 6（月份計數從 0 開始）；getYear 則回傳 69（年份從 1900 開始計數，而非 0 和 1970）。

優良的命名是設計的一部分，它會設定期望並且傳達一個模型，顯示應該如何理解和使用某些東西。如果你要告訴讀者的意思是 getMillisSince1970，就不要說 getTime。特定名稱會激發你思考替代方法，質疑你是否以正確的方式捕捉正確的抽象。名稱不僅是標籤，也不僅是 java.util.Date：這與你撰寫的程式碼和使用的程式碼有關。

產業級技術之必要性

Paul W. Homer

Java 可能被稱為下一個 COBOL 語言，但這不一定是壞事。

COBOL 語言是一項非常成功的技術，它可靠、一致而且易於閱讀，是資訊時代的主力軍，管理著世界上大多數任務關鍵型系統。如果語法需要額外輸入大量文字，會有大量的讀者不得不思考其行為而讓效果大打折扣。

時下流行的軟體堆疊聽起來很酷，儘管多數都還不成熟，總有很多東西還要學習，但是世界需要可靠的工業級軟體來發揮作用。一個新的、聰明的慣用語法或令人迷惑的典範可能很有趣，但從本質上來看，它們籠罩在未知的雲霧之中。我們一直沉迷於尋找一種神奇的方法，期望彈一下手指，下一個企業級系統就能應運而生，但是我們一直忘了，在三十年前，IBM 之父 Frederick Brooks Jr. 說過，不論是銀色還是其他顏色的子彈，這些魔術子彈都不存在。

我們不需要下一個流行的玩具來解決人們的實際問題，我們需要投入思想和工作，需要充分理解和整理可靠的解決方案。只在晴天運行的系統或是每年需要重寫的系統，無法滿足我們管理現代社會不斷增長的複雜需求。如果無法預測何時會發生故障，這樣的運作方式沒有意義。相反地，我們必須將知識完全封裝到可靠、可以重複利用、可重組的元件裡，並且儘可能地利用它們，以適應當前歷史時期的混亂性質。如果程式碼無法持續使用，可能就不值得撰寫。

針對這個目的，Java 是一項偉大的技術：夠新足以納入現代語言的特性，但又擁有足夠的成熟度，值得我們信賴。Java 在組織大型程式庫方面做得更好，有足夠多的支持產品、工具和生態系統，可以將焦點轉移到實際的業務問題上，而不是純粹的技術問題。Java 是一種強大堆疊，能將系統與環境分離，但其標準化又足以找到經驗豐富的人員。就算它

不是眾人討論的話題，至少也是一個非常可靠、穩定的平台，可以在該平台上建構持續數十年的系統，似乎才是我們當前和未來開發工作想要和需要的環境。

流行不應該決定工程，軟體開發是知識和組織的學科。如果你不知道各部分的行為方式，就無法確保整體的行為方式。如果解決方案不可靠，實際上只會增加問題，而不是解決問題。將一些可以運作的程式碼組合在一起可能很有趣，但如果我們開發出可以承受現實並且不斷前進的東西，那才是專業。

只要編譯有改變的部分，
其餘不變的部分則重複利用

Jenn Strater

身為 Java 程式設計師，我們花了大量的時間等待編譯執行，會造成這個情況通常是因為我們執行編譯時缺乏效率，但我們可以藉由改變行為獲得微幅的改善。例如，每次編譯前只執行一個子模組而非整個專案，不要執行乾淨。為了發揮更大的效用，應該利用編譯工具 Gradle、Maven 和 Bazel 提供的編譯暫存功能。

編譯暫存區的目的是可以重複使用上一次編譯的結果，將目前執行期間所需的編譯步驟減少到最低限度（例如，Gradle 任務、Maven 目標、Bazel 操作）。任何冪等（也就是對於給定的一組輸入產生相同的輸出）編譯步驟都可以進行暫存。

例如，Java 編譯的輸出是透過 Java 編譯器產生類別檔案樹，輸入是影響編譯器產生的類別檔案的因素，像是原始程式碼本身、Java 版本、操作系統以及任何編譯器旗標。只要給定相同的執行條件和原始碼，Java 編譯步驟每次都會產生相同的類別檔案，所以，編譯工具在執行編譯步驟之前，可以先在暫存區中尋找任何之前執行過、具有相同輸入的輸出檔案，然後再次利用。

編譯暫存區不限於編譯。編譯工具為其他常見的編譯步驟（例如，靜態分析和產出文件）定義了標準的輸入和輸出，允許我們為任何可暫存的編譯步驟配置輸入和輸出。

這種型態的暫存在編譯多模組時特別有用。假設在具有 4 個模組的專案中，每個模組都有 5 個編譯步驟，一次乾淨編譯必須執行 20 個步驟。然而，在多數情況下，我們只修改了一個模組的原始碼，如果沒有其他項

目依賴這個模組，意味著我們只需要執行原始碼後續產生的步驟。在這個範例中，只有 4 個步驟需要執行：其他 16 個步驟的輸出可以從暫存區中拉出，從而節省了時間和資源。

Gradle 的逐步編譯在專案層級實現編譯暫存，在編譯輸出中被視為**最先進**的做法。即使改變工作空間、Git 分支和命令行選項，都可以使用本機暫存，例如，Gradle 內建的暫存也可以擴展到 Maven。

Gradle、Maven 和 Bazel 提供遠端編譯暫存，這種協作效果還增加了其他好處。遠端暫存的常見例子之一是，從遠端版本控制資源庫中拉出的第一個編譯版本。從遠端拉出後，我們必須在自己的機器上編譯專案才能利用這些修改，但是，既然我們從未在機器上編譯這些修改，當然也就還沒儲存到本機的暫存區中。不過，持續整合系統已經編譯這些修改，並且將結果上傳到共享的遠端暫存區中，所以我們只要從遠端暫存區中獲得想要的暫存檔案，就能節省了在本機執行這些編譯步驟所需的時間。

在 Java 編譯中使用編譯暫存，我們可以在本機內部版本、CI 代理伺服器以及整個團隊之間共享結果，從而為每個人提供更快的版本，並且減少一遍又一遍地運算相同操作的資源。

開放原始碼專案沒那麼神

Jenn Strater

最常讓我惱怒的情況之一是聽到有人說某項技術、程式語言、建構工具等等的運用非常神奇。如果該專案是開放原始碼，那麼我聽到的就會是「我懶得查詢它的工作原理」，這讓我想起了克拉克的《第三定律》，「任何一項夠先進的技術都無法與魔法區分開來。」[1]

在現今這個網絡年代，查詢參考指南和原始碼並且了解該項技術的工作原理，比以往任何年代都還要容易。許多像 Apache Groovy 程式語言這類的開放原始碼專案都有設立網站（此處所舉的情況是 groovy-lang.org，*https://groovylang.org*），列出你可以在網站上找到的文件、參考指南、錯誤追蹤器，甚至還連結到原始程式碼本身。

如果你正在尋找入門資訊，協助你起步，指南和教學課程是很好的起點；如果你是視覺派或動手學習者，則許多線上學習平台都有提供入門課程，你可以透過實驗室、練習和小組學習來學習新語言。有時甚至可以免費獲得這些工具，因而讓這些技術更廣為人知。

學習基本語法和資料結構，並且開始在自己的專案中使用它們之後，你可能會開始遇到意想不到的行為甚至是錯誤。不論你選擇哪種生態系統，都會在某個時間點發生，這只是我們生活世界的一部分。遇到這些情況時，你應該先尋找像是 Jira 或 GitHub Issue 這類的問題追蹤器，看看其他人是否也曾經遇到相同的問題；如果其他人也發生過相同的情況，可能已經有解決方法、新版本中可能已經修正，或者是公布修復這個問題的時間表。

1　出自 Arthur C. Clarke 著，《Profiles of the Future: An Inquiry into the Limits of the Possible》（London: Pan Books，1973 年出版）。目前在電腦科學中已經有一個正式的定義，意指透過抽象層隱藏實作細節，但是多數人誤用「魔法」一詞來描述他們發現難以理解的任何技術。

要找出你的技術社群在哪裡進行協作，可能需要花費一點工夫。這些社群有時會出現在聊天室、論壇或郵件列表中，尤其是 Apache 基金會中的專案傾向於使用 Apache 基礎結構而非商業產品，找到這個地方是讓你從「魔法」中看清一切的最佳方法。

即使你掌握了一項特定技術，但學習是一個連續的過程，你需要繼續努力。新版本可能會增加新功能或改變行為，你必須了解。加入郵件列表或與開放原始碼提交者一起參加會議，為升級專案學習所需的知識。如果你已經是某個主題的專家，這是一個很棒的做法，還可以為所有其他人發現「魔法」。

最後一點，如果你發現不清楚或缺少的內容，許多專案都樂於接受你的貢獻，尤其是文件部分。專案負責人通常白天都還有工作和優先事項要做，所以他們可能不會立即做出回應，但這是幫助所有人成功並發掘下一代使用者「魔法」的最佳方式。

Monad 設計模式 —— Optional 雖然違反定律，卻是一個好用的型態

Nicolai Parlog

在多數程式語言中，空或非空型態是正常的 Monad 模式（是的，我用了 M 開頭的單字，別擔心，這不是數學），這表示著他們的機制符合幾個定義，而且遵循許多由保障安全計算組成的規則。

Optional 方法滿足這幾個定義，但違反規則，這並非沒有後果……

Monad 模式的定義

根據 Optional 型態，定義一個 Monad 模式需要以下三個條件：

1. Optional<T> 型態本身。

2. ofNullable(T) 方法，將 T 值封裝到 Optional<T>。

3. flatMap(Function<T, Optional<U>>) 方法，將給定的函式應用在呼叫 Optional 類別封裝的值上。

還有一個替代定義是使用 map 而非 flatMap，由於內容過長，無法在本文介紹。

Monad 規則

現在有趣了，一個 Monad 模式必須滿足三個規則才能成為很酷的小子，根據 Optional 型態：

1. 對於 Function<T, Optional<U>> f 和 v 值，f.apply(v) 必須等於 Optional.ofNullable(v).flatMap(f)。不論你是直接應用函式或者是讓 Optional 類別去做，剩下的恆等式都不受影響。

2. 呼叫 flatMap(Optional::ofNullable) 會回傳 Optional 類別，跟你直接呼叫類別一樣。正確的恆等式保證你應用 NOOP 指令不會造成任何改變。

3. 對於 Optional<T> o 和兩個函式 Function<T, Optional<U>> f、Function<U, Optional<V>> g，o.flatMap(f).flatMap(g) 和 o.flatMap(v -> f.apply(v).flatMap(g)) 的結果必須相等。不論函式是各別映射還是組合在一起，這種關聯性能保障類別不受影響。

雖然 Optional 類別在多數情況下都能順利使用，但在某些特定情況下不適用。請看以下這個 flatMap 的實作程式碼：

```java
public <U> Optional<U> flatMap(Function<T, Optional<U>> f) {
    if (!isPresent()) {
        return empty();
    } else {
        return f.apply(this.value);
    }
}
```

從以上程式碼可以看到，函式沒有應用於空的 Optional 類別，很容易就破壞剩餘的恆等式：

```java
Function<Integer, Optional<String>> f =
    i -> Optional.of(i == null ? "NaN" : i.toString());
// 以下的恆等式不相等
Optional<String> containsNaN = f.apply(null);
Optional<String> isEmpty = Optional.ofNullable(null).flatMap(f);
```

這種做法不是很好，但是對 map 來說更糟。此處，關聯性意味著給定一個 Optional<T> o 和兩個函式 Function<T, U> f、Function<U, V> g，of o.map(f).map(g) 和 o.map(f.andThen(g)) 的結果必須相等：

```java
Function<Integer, Integer> f = i -> i == 0 ? null : i;
Function<Integer, String> g = i -> i == null ? "NaN" : i.toString();
// 以下的恆等式不相等
Optional<String> containsNaN = Optional.of(0).map(f.andThen(g));
Optional<String> isEmpty = Optional.of(0).map(f).map(g);
```

所以呢？

雖然前面這些範例看起來像是人為設計，而且無法清楚看出規則的重要性，但影響是真實存在的：在 Optional 類別鏈裡，你不能機械地合併和拆開操作，因為這可能會改變程式碼的行為。不幸的是，當你需要關注可讀性或領域邏輯時，適當的 Monad 模式會讓你忽略兩者。

但是，Optional 類別為什麼要破壞 Monad 模式？因為 *null* 安全性更重要！為了維護規則，Optional 類別必須在不是空的狀態下才能包含 null，而且必須將其傳遞給 map 和 flatMap 的函式。請想像一下，如果你在 map 和 flatMap 中所做的一切都必須檢查 null！那個 Optional 類別會是一個很棒的 Monad 模式，但提供的 null 安全性為零。

不過，我還是很高興獲得我們要的 Optional 類別。

按照功能所設定的預設
存取修飾字來封裝類別

Marco Beelen

多數商業應用程式是使用三層體系架構撰寫而成：觀點、業務和資料層，所有模型物件的使用方式都是透過這三層。

在某些程式庫裡，這些應用程式的類別會依造層級組織。某些應用程式需要註冊各種使用者及其工作的公司，會產生類似以下結構的程式碼：

```
tld.domain.project.model.Company
tld.domain.project.model.User
tld.domain.project.controllers.CompanyController
tld.domain.project.controllers.UserController
tld.domain.project.storage.CompanyRepository
tld.domain.project.storage.UserRepository
tld.domain.project.service.CompanyService
tld.domain.project.service.UserService
```

類別使用這種逐層包裝的結構時需要許多公有方法。UserService 必須能夠讀取和寫入**使用者**到儲存空間裡，此外，由於 UserRepository 在另一個套件裡，所以 UserRepository 裡的所有方法幾乎都需要公開。

假設某個組織有一項政策是在使用者變更密碼後，向使用者發送電子郵件，通知他們密碼已經變更，我們可以在 UserService 中實作這項政策。由於 UserRepository 中的方法設為公有，所以不能防止應用程式的另一部分呼叫 UserRepository 中的方法，該方法只會變更密碼但不會觸發發送通知的機制。

當應用程式更新為包括某些客戶服務模組或 web-care 介面時，這些模組中的某些功能可能要重設密碼。由於這些功能是在比較晚的某個時間點才開發出來，也許是在新的開發人員加入團隊之後，這些新來的開發人員可能會經不起誘惑，直接從 CustomerCareService 存取 UserRepository，而不是呼叫 UserService 去觸發通知機制。

Java 語言提供了一種防止這種情況的機制：存取修飾字（access modifier）。

在預設的情況下，我們不會為類別、欄位、方法等等直接宣告存取修飾字，只會宣告同一個套件中的其他類別可以取得的變數或方法，而且不具有任何存取控制修飾字，這種做法也稱為套件專用。

為了從這種存取保護機制中獲得效用，程式庫的組織應該改成依照功能的套件結構。

將前面相同的類別改以下列方式封裝：

```
tld.domain.project.company.Company
tld.domain.project.company.CompanyController
tld.domain.project.company.CompanyService
tld.domain.project.company.CompanyRepository
tld.domain.project.user.User
tld.domain.project.user.UserController
tld.domain.project.user.UserService
tld.domain.project.user.UserRepository
```

採取這種組織結構時，UserRepository 中的任何方法都不必設為公有，都可以是套件專用，並且仍可用於 UserService，UserService 的方法可以設為**公有**。

所有開發人員在軟體套件 tld.domain.project.support 中建構 CustomerCareService 時，都無法呼叫 UserRepository 的方法，而是要呼叫 UserService 的方法。如此一來，程式碼結構和存取修飾字才能發揮作用，確保應用程式仍然遵守發送通知的策略。

這種在程式庫中組織類別的策略，有助於降低程式庫中的耦合。

生產環境是地球上
最快樂的地方

Josh Long

生產環境是我在網路上最喜歡的地方，我喜歡生產，*你也應該熱愛生產，而且應該盡可能提早並且增加頻率。帶著你的孩子、家人，天氣真好，這是地球上最幸福的地方，比迪士尼樂園還棒！*

然而，要到達生產環境並不總是那麼容易，但是請相信我：到達那裡之後，你會想留下來，那裏就像渡假天堂 Mauritius，你會愛上它！以下是幾個讓你的旅途盡可能愉快的訣竅：

走持續交付高速公路。

沒有比持續交付更快的生產方式，它可以讓你快速、一致地從最新的 Git 簽入到生產環境。在持續交付的管道中，程式碼以平穩的方式自動從開發人員手上移動到部署環境，還有這個過程中的每一步。雖然 Travis CI 或 Jenkins 這類的持續整合工具會有所助益，但請嘗試在生產過程中挖掘你能收集到的資訊。Canary 釋出版本的技巧是，將修改緩慢地推廣到一小部分使用者身上，藉此降低在生產環境中導入新軟體版本的風險。像 Netflix 的 Spinnaker 這種持續交付工具可以將這種細微的部署策略自動化。

生產環境令人驚喜

請做好心理準備！服務會失敗，所以不要讓你的客戶陷入困境。在客戶端指定積極的超時設定；讓服務層級協議（Service-level Agreement，SLA）主導多數的技術討論；使用服務保護機制以符合服務層級協議，這種保護機制的模式會啟動多個冪等呼叫，在離散節點上配置完全相同的服務實體，除了回應最快的冪等，其餘全部捨棄。失敗會發生，利用斷路器明確定義故障模式並且隔離故障。Spring Cloud 有一個抽象層作為斷路器使用（Spring Cloud Circuit Breaker），支援開啟電路和關閉電路。

在生產環境中，沒有人能聽到應用程式的尖叫。

從一開始出發就要擁抱能見度。生產環境是一個非常繁忙的地方！如果一切順利，你會擁有更多的使用者和需求，而且會超出你原本能負荷的範圍；隨著需求增加，規模會不斷擴大。Cloud Foundry、Heroku 和 Kubernetes 這類的雲基礎架構長期以來在所有節點上配置負載均衡器，從而支持水平擴展。這種做法特別容易建構具有無狀態、12 要素風格（12-Factor-style）的微服務，即使你的應用程式獨占了執行緒這類的寶貴資源，這項策略也能順利運作。

程式碼不應該獨占執行緒。

執行緒的成本超級昂貴，要解決這個問題的最佳解決方案是讓多個執行緒協作，對程式執行環境發出訊號，告訴它何時可以在實際的作業系統上使用 / 離開一組有限的執行緒。請了解像 Project Reactor（在伺服器端相當普遍）、Spring Webflux 和 RxJava（在 Android 上相當普遍）所支持的反應式程式設計的工作原理，了解之後，下一步自然就是擁抱 Kotlin 協程這類的技術。多執行緒協作可以增加你能支持的使用者數量或分攤基礎架構成本。

自主性是成功的關鍵。

微服務幫助專注於開發單一項目的小型團隊能夠自主地將軟體發佈到生產環境中。

百分之九十的應用程式平凡無奇。

擁抱像 Spring Boot 這類的框架，是讓你可以專注在生產的最後期限前交付成果，而非支援程式碼。Java 程式設計語言不就是你的茶或咖啡嗎？JVM 生態系統也包含像 Kotlin 這類具有豐富生產力的替代方案。

我們要消除生產環境中的摩擦，避免亞馬遜技術長 Werner Vogels 所呼籲的問題「無差別繁重工作」[1]。淨空生產之路，人們才會想早點而且經常出門，渴望擁有 Antoine de Saint-Exupéry 在其著作《小王子》中所說的「廣闊無盡的海洋」。

1　Divina Paredes 撰，《Amazon CTO: Stop Spending Money on 'Undifferentiated Heavy Lifting'》，2013 年 6 月 9 日發表於 CIO 期刊。（*https://oreil.ly/M0cyS*）

寫出有效的單元測試程式

Kevlin Henney

你正在撰寫單元測試嗎？嗯，很棒！你知道單元測試有什麼好處嗎？這種時候我要跟計算機科學家 Alistair Cockburn 借用一個術語，你有膽量（GUT）嗎？有好的單元測試嗎？還是在某人的測試庫中獲得他們（將來的你？）負債累累的技術債呢？

我所謂的好是什麼意思？這是個好問題，而且是難以回答的問題，但值得回答。

讓我們從名稱開始。名稱會反映出你正在測試的內容，當然，你不會想使用 test1、test2 和 test3 這種名稱作為命名方案。事實上，你不希望測試名稱出現測試的字眼：@Test 已經幫你做到，告訴讀者你要測試什麼，而不是你正在測試什麼。

啊，我的意思並不是說要等方法在測試情況下才來命名，而是要告訴讀者你要測試的是什麼行為、屬性、功能等等。如果你有一個方法叫 addItem，就不需要再對應一個測試叫 addItemIsOK，這是常見的測試共識。確定行為案例，每個測試只測試一個案例，哦，請不要誤會，這不是說你不需要 addItemSuccess 和 addItemFailure。

那我問你，測試的目的是什麼？是要測試「我們的程式是否有效」嗎？這只是故事的一半，程式碼中最大的挑戰不是判斷「它是否有效」，而是判斷「它有效」的意義。你有機會抓住這個意義，因此請嘗試 additionalOfItemWithUniqueKeyIsRetained 和 additioningOfItemWithExistingKeyFails。

這些名稱實在太長，而且也不是生產環境用的程式碼，所以請考慮使用下底線提高可讀性，例如，Addition_of_item_with_unique_key_is_retained。利用 JUnit 5 的話，可以將 DisplayNameGenerator.ReplaceUnderscores 與 @DisplayName Generation 一起使用，能漂亮

地列印成「只保留具有唯一 key 值的額外項目。」你可以看到，以你所主張的觀點來命名是不錯的屬性：如果測試通過，就能確信該主張可能是正確的；如果失敗，則該主張就是假的。

這個觀點很好，通過測試不保證程式碼一定能正常運作，好的單元測試要能說清楚失敗的含義：應該就是指程式碼無法作用。就像電腦科學家 Dijkstra 所說，「程式測試可以顯示錯誤存在，但永遠無法保證沒有錯誤存在！」[1]

實務上，這表示單元測試不應該依賴測試中無法控制的項目。檔案系統？網路？資料庫？異步排序？你可能對這些項目有影響力，但沒有控制力，測試狀態下的單元不應該依賴可能會導致故障但實際上卻是正確的程式碼。

此外，請小心擬合性過佳的測試。你知道的：脆弱的部分是實現細節的斷言，而非你要求的功能。你更新了一些內容——拼寫、魔術值、品質結果，然後測試失敗；測試失敗是因為測試本身存在錯誤，而非你產出的程式碼有錯。

對了，你還要睜大眼睛看看那些擬合性不佳的測試。這些測試含糊不清，一下子就通過測試，即使程式碼本身很瘋狂而且明顯錯誤連連，但你成功加入了第一個測試項目。不要只測試項目的數量大於零，卻只有一種正確的結果：一個項目；許多整數都大於零，但有數十億個都是錯的。

說到結果，你可能會發現許多測試依循一個簡單的三幕劇結構：鋪陳、行動、結尾，還有已知、何時、然後。牢記這一點有助於你專注在測試本身嘗試要講述的故事，保持其凝聚力，提出其他測試建議，還有協助命名。對了，回到命名這件事上，你可能會發現有些名稱重複了，請解析出重複的因素，利用 @Nested 註解，將測試分組為內聯類別，如此一來，就可以在 `Addition_of_item` 內部，將 `with_unique_key_is_retained` 和 `with_existing_key_fails` 分成巢狀結構。

希望本文能對你有所幫助。你要去重新檢視一些測試嗎？好的，待會兒見。

---

1 Edsger W. Dijkstra 撰，《Notes on Structured Programming》，收錄於《Structured Programming》一書第六篇，由 O.-J. Dahl、E.W. Dijkstra 和 C.A.R. Hoare 彙編（London and New York: Academic Press 出版，1972 年）。

建議你每日研讀 OpenJDK 的原始碼

Heinz M. Kabutz

OpenJDK 是由數百萬行 Java 程式碼組成，幾乎每個類別都違反一些「無瑕的程式碼」準則。真實世界如此混亂，根本沒有「無瑕的程式碼」這種東西存在，甚至很難定義何謂無瑕的程式碼。

經驗豐富的 Java 程式設計師能閱讀不同風格的程式碼。OpenJDK 有一千多位作者，即使在格式上具有某種一致性，程式設計師們還是以不同的方式撰寫程式碼。

例如，請思考以下程式碼裡的 `Vector.writeObject` 方法：

```java
private void writeObject(java.io.ObjectOutputStream s)
        throws java.io.IOException {
    final java.io.ObjectOutputStream.PutField fields = s.putFields();
    final Object[] data;
    synchronized (this) {
        fields.put("capacityIncrement", capacityIncrement);
        fields.put("elementCount", elementCount);
        data = elementData.clone();
    }
    fields.put("elementData", data);
    s.writeFields();
}
```

程式設計師為什麼將區域變數 `fields` 和 `data` 標記為 `final` ？沒有理由表示為什麼一定要這麼做，其實這是由程式碼風格決定。不論區域變數是否為 `final`，優秀的程式設計師都一樣可以毫無困難地閱讀程式碼，不管是哪種方式都不會干擾他們。

為什麼 `fields.put("elementData", data)` 在 `synchronized` 這段程式碼區塊之外？可能是因為太早進行最佳化，想要減少程式碼的連續部分；或者是程式設計師粗心所造成？要將我們看到的一切最佳化很容易，但是我們要抵抗這種衝動。

以下程式碼是另一種做法，來自 `ArrayList` 裡面的 `Spliterator` 方法：

```
public Spliterator<E> trySplit() {
    int hi = getFence(), lo = index, mid = (lo + hi) >>> 1;
    return (lo >= mid) ? null : // 將範圍分成一半，除非範圍太小
            new RandomAccessSpliterator<>(this, lo, index = mid);
}
```

這種方法在「無瑕的程式碼」眼裡，肯定會引起各種警告。那些喜歡 `final` 關鍵字的人會抱怨 `hi`、`lo` 和 `mid` 可能都算是 `final`。沒錯，他們可以抱怨，但事實並非如此，在 OpenJDK 中，通常不會將區域變數標記為 `final` 關鍵字。

為什麼會用這個模糊不清的寫法 `(lo + hi) >>> 1`？難道不能寫成 `(lo + hi) / 2`？（答案是：這兩者不完全相同。）

而且，為什麼這三個區域變數全都放在同一行程式碼裡宣告？難道沒有違反所有良好和適當的寫法嗎？

事實證明，臭蟲的數量會與程式碼行數成正比。按照大學教授的要求擴展你的方法，你會獲得更多行程式碼；隨著程式碼行數增加，相同功能的錯誤也會隨之增加。新秀程式設計師可能會傾向於將他們的程式碼分佈在許多頁面上，專家則會撰寫緊湊、緊密的程式碼。

我們需要學習閱讀許多不同風格的程式碼，因此，我推薦 OpenJDK，建議你每天閱讀裡面的 `java.util` 類別、`java.io` 等等內容的程式碼。

知其然，更要知其所以然

Rafael Benevides

我們應該將 Java 視為一個完整的平台。在我的 Java 開發生涯中，我遇過數百位對 Java 語言的語法非常熟悉的開發人員，他們了解 Lambda 和 Stream，也了解從 String 到 nio 的所有 API，但是了解以下內容才能讓他們成為更全方位的專業人員：

垃圾回收演算法

JVM 的垃圾回收機制從第一個版本以來已有長足的進步。JVM 的人體工程學原理使其能夠自動調整，針對檢測到的環境提供最佳參數，適當地了解正在發生的事情，有時可以進一步提高 JVM 效能。

JVM 剖析器

JVM 效能校調不是在玩猜測的遊戲，進行任何修改之前，你都應該了解應用程式的行為，知道如何連接和闡述事件剖析器的資料，有助於校調 JVM 以獲得更好的效能，發現記憶體流失或了解為什麼某個方法要花這麼長的時間執行。

雲原生應用程式清楚表示，它可以在網絡上具有不同作業系統上的多台機器上執行程式碼。了解以下內容可以幫助 Java 專業人員開發出有彈性而且可以移植到其他環境的應用程式：

字元編碼

不同作業系統可以使用不同的字元編碼，了解它們是什麼以及如何設定，可以防止應用程式顯示奇怪的字元。

TCP/IP 網路

雲原生應用程式屬於分散式系統，在雲端、網際網路和網路世界裡，了解如何路由表、延遲性、防火牆以及與 TCP/IP 網路相關的一切事物非常重要，尤其是當事情無法按照預期進行時。

HTTP 通訊協定

在以瀏覽器為客戶端的世界裡，了解 HTTP 1.1 和 2.0 的工作方式，可以幫助你以更適當的方式設計應用程式；了解以 HTTP 連線儲存資料會發生什麼是相當有用的知識，尤其是在多集群環境下開發時。

如果能了解框架的運作方式甚至更好。此處，我們以 JPA 和 Hibernate 這類的物件關係映射（object relational mapping，ORM）框架為例：

在開發期間啟用 SQL 輸出

啟用 SQL 輸出後，在你發現某個怪異的 SQL 呼叫表現不佳之前，就能提早看看有哪些命令正傳送到資料庫。

查詢提取實體的大小

多數的 JPA / Hibernate 框架實作的預設 fetch 大小為一（1）。這表示如果你的查詢從資料庫中提取一千個實體，會執行一千個 SQL 命令，自動增加這些實體。調整提取的大小可以減少執行 SQL 指令的數量，透過啟用 SQL 輸出來辨識出這個問題（請參見前一項建議）。

一對多和多對一關係

雖然在預設情況下，一對多關係會延遲加載，但某些開發人員會犯下這種錯誤：因為急於載入實體就變更關係，或者是在回傳實體集合之前，手動初始化它們。這樣做要非常小心，因為每個急於載入的實體也可以建立多對一的關係，導致於你從資料庫取出幾乎所有的表格 / 實體。啟用 SQL 輸出也可以幫助你辨識出這個問題（同樣地，請參見前面第一項建議）。

簡而言之，不要讓自己受到控制──而是你要掌控全局！

浴火重生的 Java

Sander Mak

比起其他任何程式語言，Java 一直被說會提早宣告死亡。這或許不需要大驚小怪，關於 Java 死亡的報導總是過於誇大。事實上，Java 在後端開發中擁有廣大的足跡，而且多數企業都使用 Java 開發系統，但是，每個謠言背後都有其真相。在 Ruby 和 JavaScript 這樣的動態語言時代，Java 是一種發展緩慢的語言。在過去的傳統年代，開發一個 Java 的主要版本需要跨越三到四年的時間，很難跟上其他平台的發展步伐。

然而，在 2017 年，這一切都改變了，Java 的管理者——Oracle 宣布 Java 平台將每年發布兩次更新。2017 年底即將發布的 Java 9 是最後一個期待已久的大型版本，Java 9 之後，每年的 3 月和 9 月 Java 都會發布一個新的主要版本，而且是有規律的更新。

切換到這種以時間作為更新週期的發布計畫會有很多後果。釋出版本時不能再等待尚未完成的功能，此外，由於兩次發布之間的時間較短，Java 的開發團隊大小保持不變，會變成每次只能發布更少的功能。不過，沒關係，團隊會在六個月內發布另一個新版本，我們可以依靠源源不斷的新功能和改進。

有趣的是，Java 現在還逐步提供新的程式語言特性。Java 語言現在正在以更加敏捷的方式發展，例如，Java 12 搭載 Switch 表達式，作為預覽語言特性，此後更明確表示打算擴展這項特性，以支持完整模式配對。

Java 發布之所以花費大量時間和精力，原因之一是該平台在 20 多年來的使用中已經變得僵化。在 Java 9，平台已經完全模組化，現在，平台的每個部分都放入自己的模組中，並且對其他部分有明確的相依性。從現在開始，Java 9 導入的模組系統確定會遵守平台架構。

平台內部現在都安全地封裝在模組內部，從而防止（濫用）應用程式和函式庫的程式碼。以往許多應用程式和函式庫都依賴這些平台內部，因此，在不破壞大量現有程式碼的情況下，Java 很難有所發展。你的應用程式還是有可能使用模組系統，讓你的程式庫更易於維護、更靈活而且不會過時。

Java 團隊從漫長、不可預測的發布週期，過渡到以日曆為週期的定期發布，這是一項偉大的成就。適應這個新的現實對於開發人員社群來說，毫無疑問需要時間。幸運的是，Java 的修改版本現在更小而且逐步增加，更頻繁和定期的發行版本更易於採用和適應。

對於步調較慢的人，從 Java 11 開始，每釋出六個版本就會標記一個長期支援版本（Long-Term Supported，LTS）。這表示，如果需要，你可以每三年在長期支援版本間移動一次。重點是了解長期支援版本由 Oracle、Red Hat 甚至 Amazon 之類的供應商承諾提供，而且不一定是免費版本。不管怎樣，與供應商無關的 OpenJDK 專案會針對 Java 開發的最新版本，持續產出支援版本。不過，在長期支援版本之間發布的小型版本，可能會發生很多變化，所以，如果可以，請跳上這列頻繁發布的火車，享受 Java 更好而且穩定釋出的更新，這不像聽起來那樣可怕。

透過 Clojure 語言
重新認識 JVM

James Elliott

在 2007 年左右的某個時間點,我的辦公室讀書會看了 Brian Goetz 所著的《*Java Concurrency in Practice*》(Addison-Wesley 出版)。當時我們驚慌失措,發現我們一直以來對 Java 記憶體模型的天真理解錯得離譜,而且有多麼容易將錯誤導入多執行緒的程式碼裡。我們連這本重要書籍的序言都沒看完,只聽見喘不過氣的嘆息聲,至少可以說是一場噩夢。

開發高度並行性的雲端產品時,我們需要一種語言不會讓程式庫裡到處充滿共享、變異性狀態的地雷,所以,我們選擇 Clojure 語言:它具有可靠的並行性,而且對不可變異資料支援有效轉換。Clojure 語言運行在我們熟悉的 JVM 上,可以跟龐大的 Java 函式庫生態系統順利互通。雖然有些人因為不熟悉 Lisp 語法,還有要重新學習如何在沒有變異變數的情況下撰寫程式而猶豫不決,但這是一個很棒的決定。

我們發現工作流程以 REPL 循環(讀取 / 評估 / 輸出)為中心的好處:

* 不需要重建或重新啟動即可測試修改的內容。

* 探索正在運行的系統,而且可以即時試用變化的內容。

* 逐步建立和完善構想。

我們讚賞 Clojure 語言偏愛使用標準結構以及豐富、固執己見的核心函式庫來處理資料,所以,你不需要為了對任何事物建立模型而建立大量的類別(每個類別本身具有的 API 彼此不相容)。

透過 Clojure 語言，我重新發現了程式設計的喜悅和活力。在 Strange Loop 研討會上，有一場演說談到以 Clojure 語言使用 Overtone，現場撰寫程式來表演音樂，讓我感到非常驚奇（*https://oreil.ly/VcM79*）：Clojure 語言是否有夠快的速度能製作音樂，確定它可以控制舞台燈光嗎？這個演說催生出 Afterglow 專案（*https://oreil.ly/L9wjF*），這個專案花了我一段時間才弄清楚，如何以函式風格撰寫照明效果是一個難題，但是 Overtone 的功能節拍器啟發了我的效果函式，將音樂時間映射到照明位置、顏色和強度。

我重新學習三角函數和線性代數，將不同的燈光對準空間中的同一點。我發現如何利用燈具的不同顏色的 LED 來建立我需要的顏色，現場撰寫程式來控制舞台燈光是如此充滿樂趣的事。

然後，我想將 Afterglow 專案的節拍器與我用來混音的 CDJ 上播放的曲目同步（CDJ 是今日的數位 DJ 轉盤，*https://oreil.ly/utaDV*）。這兩者之間的協議是專用的而且沒有記錄，但我很確定。於是，我設定了一個網路嗅探器並且搞清楚這一點（*https://oreil.ly/FIIIk*）。初期的成功帶來了全世界各地激勵人心的貢獻，所以我撰寫了 Beat Beat 函式庫（*https://oreil.ly/fhvT2*），讓大家能更容易使用我們學到的知識。我以為用 Java 撰寫可以讓更多人理解，卻發現使用 Clojure 語言讓撰寫 Java 變得很麻煩。

人們以此為基礎，將其移植到其他語言上。我為表演製作人建立一個快速範例，示範如何使用 Beat Link 觸發 MIDI 事件，讓影片軟體和照明控制台可以回應。這個專案對非程式設計人員很有用，成為我最受歡迎的專案。藝術家們一直使用 Beat Link Trigger（*https://oreil.ly/JEK1H*），做出一些很酷的新事物，我作為音樂節和巡迴演出的嘉賓，已經看到成果。由於這個專案是以 Clojure 語言撰寫，使用者可以對其進行擴展，而且程式碼會按位元組進行編譯並且載入到 JVM 裡，就像它一直是專案的一部分一樣，這是 Clojure 語言為你提供的另一種秘密武器。

我鼓勵使用 Java 的任何人都應該認真研究 Clojure 語言，了解它如何改變你在 JVM 上的生活體驗。

將布林值重構為列舉型態

Peter Hilton

既然你不會在程式碼中使用「魔術數字」，所以也不要使用魔術布林值！使用布林型態的文字數值比你硬將數字寫到程式碼裡還糟：程式碼中的數字 42 看起來可能很熟悉，但 false 可以是任何內容，任何內容都可以是 false。

當兩個變數都為 true 時，你就不知道這是巧合還是出於相同的原因讓它們都是「true」，所以兩者都應該一起更改。這使得程式碼更難閱讀，而且閱讀錯誤會導致臭蟲發生。因此，跟魔術數字一樣，你應該重構為具名常數。

將數字 42 重構為 ASCII_ASTERISK 或 EVERYTHING 常數，可以提高程式碼的可讀性，所以，將 true 重構為 Product 類別裡稱為 AVAILABLE 的布林常數也是一樣的情況。不過，領域模型中可能不應該包含任何布林值欄位：某些布林值並不是真的布林型態。

假設你的 Product 實體具有一個布林欄位 available（可以取得），指出產品目前是否銷售中，但這不是真正的布林型態：它是一個選擇性的「可以取得」值，和布林值不同，因為「無法取得」實際上是表示其他意義，例如「缺貨」。

當一個型態具有兩個可能的值時，這是一個巧合，而且可以更改，例如，新增「停產」的選項，現有的布林欄位不能存放額外的值。

請注意：使用 null 作為第三個值以表示某些意義，是最糟糕的方法，最後會需要增加程式碼註解，例如，「產品有貨時為 true，缺貨時為 false，停產時為 null」，請不要這樣做。

對於不再銷售的產品，除了 available（可以取得）這個欄位，最明顯的模型是布林型欄位 discontinued（停產）。這種方法有效但難以維護，因為沒有提示這些欄位彼此相關。幸運的是，Java 有一種將具名常數分組的方法。

將這些相關的布林欄位重構為 Java 的列舉型態：

```
enum ProductAvailability {
  AVAILABLE, OUT_OF_STOCK, DISCONTINUED, BANNED
}
```

列舉型態非常好用，因為這樣你就可以命名更多的東西。同樣地，這些值比 true 更具可讀性，表示該值實際上是另外一個值，例如 AVAILABLE。事實證明，列舉型態比你預期的更方便，懶惰成為不能重構的虛弱藉口。

列舉型態仍然可以擁有布林型態的便利方法，如果你的原始程式碼對可以取得的產品進行大量條件檢查，就可能需要這樣做。事實上，列舉型態的作用遠不只是將常數、欄位，建構函式和方法分組，另一個不太明顯但更重要的好處是，假設你現在有另外一個重構的目的，將與取得性相關的邏輯移至 ProductAvailability 型態。

比起使用 JSON 或資料庫，序列化列舉型態需要更多的工作量，但是，會比你預期的要少，因為，你可能已經使用了一個可以充分處理這項問題的函式庫，讓你選擇如何將單一 Value 物件序列化的表示方法。

領域模型通常會遇到基本型態偏執的困擾 —— 過度使用 Java 的基本型態，將數字和日期重構為領域類別，可以讓程式碼更具表達性和可讀性，新型態也為相關程式碼（例如，驗證和比較）提供了更好的歸宿。

在問題領域的語言中，布林型態是 false，而列舉型態是 true。

重構有助於提高閱讀程式碼的速度

Benjamin Muskalla

一般讀者每分鐘閱讀的單字數通常可以輕鬆達到 150 到 200 個字，而且具有較高的理解率，速讀人員則可以輕鬆達到 700 個字。但是請放心，我們不需要為了速度破世界紀錄，就能學習基本概念並且將其應用到我們的程式碼裡。接下來我們要談談閱讀程式碼時，特別有用的三個方面：略讀、詮釋指導和視覺固定。

那麼，讓閱讀速度變快的因素是什麼？第一步是抑制發聲。發聲？沒錯，現在你的腦海裡正有個聲音，試圖正確地表達出這個詞，對吧，你現在注意到聲音了。但是，別擔心，這個聲音很快就會消失！抑制發聲這件事無法學習，而且是認真提高閱讀速度時非常重要的第一步。

我們來看一個帶有三個參數的方法，這些參數都需要驗證。閱讀程式碼的方法之一是，跟著輸入參數的地方以及如何使用參數：

```java
public void printReport(Header header, Body body, Footer footer) {
    checkNotNull(header, "header must not be null");
    validate(body);
    checkNotNull(footer, "footer must not be null");
}
```

找到 header 的位置後，我們必須向下和向左看，找到下一個參數 body。我們可以從簡單的重構開始，對齊第一個和第三個檢查，這樣只需要中斷一次水平流：

或者已知 null 檢查也是一種參數驗證，我們可以抽出 checkNotNull 方法呼叫，歸納到正確的命名方法裡，幫助引導讀者。不論這些方法是相同還是過載版本，都取決於你手上的程式碼：

```java
public void printReport(Header header, Body body, Footer footer) {
  validateReportElement(header);
  validateReportElement(body);
  validateReportElement(footer);
}
```

詮釋指導是另一種用於快速閱讀的技術。你可以嘗試一次捕捉整行，而不是逐字逐句地閱讀一本書，就跟兒童一樣，通常會透過手指來追蹤他們正在閱讀的單字，以達到這個目的。使用某種指導可以幫助我們不斷前進，避免跳回一或兩個字。有趣的是，程式碼本身可以充當這樣的設備，因為它具有一種固定的結構，我們可以利用它來引導我們的視線：

```java
List<String> items = new ArrayList<>(zeros);
items.add("one");
items.add("two");
items.add("three");
```

上面這個列表中有幾項？一、二、三項！其實是四項，也許更多。糟糕，還錯過了參數 zeros 嗎？應該幫助我們的結構實際上卻阻礙了我們的發展。雖然我們允許讀者透過對齊 add 方法的方式引導閱讀，但我們的眼睛卻完全被誤導，因而錯過了建構函式的參數。重寫這段程式碼可以輕鬆引導讀者，而不會錯失任何重要資訊：

```java
List<String> items = new ArrayList<>();
items.addAll(zeros);
items.add("one");
items.add("two");
items.add("three");
```

下次撰寫一段程式碼時，看看你是否可以快速閱讀。請牢記有關視覺固定和詮釋指導的基礎知識，嘗試找到一種結構，同時能引導眼睛查看相關資訊，又能具有邏輯意義，不僅可以幫助你未來能更快地閱讀程式碼，還可以幫助你保持順暢的狀態。

簡化 Value 物件

Steve Freeman

當類別表示成 Value 物件時，其實不需要 getter 和 setter 這兩個方法。
Java 開發人員通常被教育成要用 getter 方法來讀取欄位，如下所示：

```
public class Coordinate {
    private Latitude latitude;
    private Longitude longitude;

    public Coordinate(Latitude latitude, Longitude longitude) {
        this.latitude = latitude;
        this.longitude = longitude;
    }

    /**
     * @回傳座標的緯度
     */
    public Latitude getLatitude() {
        return latitude;
    }

    /**
     * @回傳座標的經度
     */
    public Longitude getLongitude() {
        return longitude;
    }
}

System.out.println(thing.getLatitude());
```

此處的概念是，getter 方法把如何表示數值這個部分封裝在物件裡，為
整個程式庫提供一致的方法。此外，這也能防止**別名**造成問題，例如，
在回傳集合之前先複製一份。

這樣的風格起源於 JavaBeans 初期，當時人們對使用反應式圖形工具非常有興趣。經典的物件導向語言 Smalltalk 可能也有帶來一些影響，其中所有欄位都是私有，除非透過存取器公開；唯讀欄位具有 getter 方法，但沒有 setter 方法。

事實上，並非所有類別都扮演相同的角色，而且程式語言中缺少替代結構，許多撰寫程式碼的人所寫的 Java 類別，實際上是 *Value* 物件：一組簡單、永遠不會改變的欄位，其中的等式是以值為基礎而不是識別碼。在我們的範例中，具有相同緯度和經度的兩個 Coordinate 物件實際上是相同的，可以在整個程式碼中將 Coordinate 實體當作常數，因為它們是不可變異的。

幾年前，我跟許多同事一樣，開始厭倦 getter 方法需要重複的樣板，於是簡化了撰寫 Value 物件的風格，將所有欄位都設為 `public final`，跟 C 語言的**結構**一樣：

```
public class Coordinate {
    public final Latitude latitude;
    public final Longitude longitude;

    public Coordinate(Latitude latitude, Longitude longitude) {
        this.latitude = latitude;
        this.longitude = longitude;
    }
}

System.out.println(coordinate.latitude);
```

我之所以可以這樣做，是因為物件具有不可變異性（再次強調，如果有任何一個值結構化，則必須注意別名），並且傾向於避免繼承或實作太多的行為。這代表了 Java 早期方法的變化，例如，`java.awt.Point` 具有可變異性，而 `move` 方法會適當地更新 x 和 y 欄位。如今，JVM 經過 20 年的改善，廣泛採用函式語言程式設計，這種稍縱即逝的物件成本低到我們預期 `move` 方法會回傳一個新的不可變異副本，而且具有新的位置。Coordinate 範例的程式碼如下：

```
public class Coordinate {
    public Coordinate atLatitude(Latitude latitude) {
        return new Coordinate(latitude, this.longitude);
    }
}
```

我發現簡化 Value 物件是一種有用的慣例，能幫助我們釐清型態的角色，降低程式碼中的干擾。程式碼很容易重構為 Value 物件，經常為累積法提供有用的目標，更明確地表達程式碼的領域。Value 物件的行為特性在某些情況下顯得更為重要，我發現自己能藉由方法表達我的需求，並且將欄位設為私有。

事實證明，Java 語言團隊也意識到這一點，已經在 Java 14 中導入 Record 結構。不過，在這種作法普及之前，我們還是必須依靠程式慣例。

請細心呵護你的模組宣告

Nicolai Parlog

如果你想建立 Java 模組，模組宣告（module-info.java 檔案）很容易成為你最重要的原始碼檔案。每個檔案代表一個完整的 JAR 檔案，控制它與其他 JAR 檔案互動的方式，因此，請小心宣告！以下列出一些注意事項。

模組宣告要保持乾淨

模組宣告是程式碼，而且本來就應該將其視為程式碼，因此，請確保你已經套用程式碼風格。除此之外，不能隨機放置指令，而是要讓模組宣告結構化，以下是 Java 開發套件的使用順序：

1. 需求，包含靜態和間接引用（transitive）

2. 輸出

3. 輸出到

4. 開啟

5. 開啟到

6. 使用

7. 提供

不論你做出什麼決定，如果有文件定義程式碼風格，請在文件裡記錄這項決定。甚至更好的是，如果你有自己的 IDE、編譯工具或程式碼分析器為你檢查這些事情。嘗試安排這些工具，可以為你自動檢查甚至套用你選擇的風格。

在模組宣告裡加上註解

像 Javadoc 或內聯註解這些工具對程式碼文件的看法，差異很大，但是，不論團隊對註解的立場是什麼，都可以擴展到模組宣告。如果你希望抽象層包含一、兩個句子來說明其含義和重要性，請在每個模組中加入 Javadoc 註解，即使那不是你的風格。多數人都認為最好記錄下做出特殊決定的原因，在模組宣告中，這可能表示為以下內容新增內聯註解：

- 非強制相依性，用於解釋為什麼該模組可能不存在

- 符合條件的輸出，說明為什麼它不是公有 API，卻可以部分存取

- 一個開放式套件，說明預期會存取哪些框架

模組宣告提供新的機會：在程式碼中記錄專案封裝成品之間的關係，從來沒有像現在這樣容易。

審視模組宣告

模組宣告是模組化結構的主要形式，審視所有種類的程式碼時，檢查模組宣告是不可或缺的一部份。不論你是在提交程式碼之前還是在拉出要求之前查看修改、在結對程式設計會議之後進行總結，還是在正式程式碼審查期間進行檢查，不論何時檢查程式碼本體，都應該特別注意 *module-info.java*：

- 是否需要新的模組相依性（考慮以服務替代），而且符合專案的架構？

- 程式碼是否準備處理缺少非強制相依性的情況？

- 是否需要新的套件輸出？套件裡的所有公有類別都可以使用嗎？你可以減少 API 的表面積嗎？

- 輸出是否符合條件？是否有意義？是否可以存取尚未公開的 API？

- 我們所進行的修改是否可能給下游使用者帶來問題，而且這些修改不屬於建置過程的一部分？

投入時間認真研究模組描述符，聽起來像是浪費時間，但我認為這是一個機會：我們從來沒有像現在這樣，能輕鬆地分析和審查專案封裝成品及其結構之間的關係，而且不是像幾年前那種上傳到維基百科的白板草圖照片；不，真正的好處是封裝成品之間的實際關係。模組宣告顯示赤裸裸的現實，而非過時的良好意圖。

妥善管理相依性

Brian Vermeer

現代 Java 開發高度依賴第三方函式庫,使用 Maven 或 Gradle,藉此導入簡單的機制和使用已發布的軟體套件。由於開發人員不想建立和維護樣板功能性,希望專注於特定的商業邏輯,因此使用框架和函式庫可能是一個明智的選擇。

現在一個專案的程式碼量平均可以低至 1%,其餘的程式碼將導入函式庫和框架。投入生產的許多程式碼根本不是我們親自撰寫,但我們確實嚴重依賴它們。

當我們檢視程式碼和看待團隊成員貢獻的方式時,將新的程式碼合併到主要分支前,我們通常會轉向程式碼審查之類的流程,作為品質保證措施,希望一次就能通過測試,或是透過實踐結對程式設計,納入品質控製流程。然而,我們對待相依性與對待自身程式碼兩者的方式有很大不同。相依性通常只在沒有任何形式的驗證下使用,重要的是,在許多情況下,頂層相依性會導入間接相依性,可以深入多個層級。例如,一個 200 行程式碼的 Spring 應用程式具有 5 個直接相依性,最終可能總共會用到 60 個相依性,這相當於交付近一百萬行程式碼到生產環境中。

只因為使用了這些相依性,我們就盲目地信任別人的程式碼,這與我們處理自身程式碼的方式相比,是很奇怪的想法。

脆弱的相依性

從安全的角度來看,你應該把整個相依性的內容看過,了解已知的漏洞。如果發現並且披露相依性中的漏洞,就應該有所意識,並且替換或更新這些相依性。如果使用過時的相依性,而且知道其具有已知漏洞,請尋找過去的範例,看看是否出現災難性的後果。

在開發過程的每個步驟，把整體相依性看過一遍，可以防止程式碼交付生產之前，出現這種脆弱的相依性。

此外，你還應該持續審視生產環境的快照。在生產環境中使用快照，可能會發現新的漏洞。

更新相依性

你應該明智地選擇相依性，檢查某個函式庫或框架的維護狀況，以及有多少貢獻者參與其中。依賴過時或維護不善的函式庫是很大的風險，如果希望保持最新版本，可以使用軟體套件管理器來幫助你檢測是否有較新版本。使用 Maven 或 Gradle 的版本外掛程式，可以利用以下命令來檢查是否有較新的版本：

- Maven：`mvn versions:display-dependency-updates`
- Gradle：`gradle dependencyUpdates -Drevision=release`

相依性策略

在系統中處理相依性時，應該制定策略。相依性的健康狀況和使用特定相依性的原因，這些問題應該明確闡述。接下來，還應該仔細考慮更新策略；一般認為更新相依性通常沒那麼痛苦。最後但並非最不重要的一點是，你應該擁有適當的工具，審視函式庫中的已知漏洞，防止相依性遭到破壞。

不管在任何情況下，你都應該妥善管理相依性，基於正確的原因，選擇正確版本的正確函式庫。

請認真推行
「關注點分離」原則

Dave Farley

如果你學過電腦科學，可能已經了解這個稱為關注點分離（Separation of concerns）的想法 [1]。最明顯的特徵是聲音位元，「一個類別是一件事，一種方法也是一件事。」概念是你的類別和方法（還有函式）應該永遠專注於單一結果。

請仔細思考你的類別和方法的職責。有時我教測試驅動設計課程時，會使用分數加法作為簡單程式套路，用以探索測試驅動開發，課堂上人們最常寫的第一個測試，看起來會像以下這個程式碼：

```
assertEquals("2/3", Fractions.addFraction("1/3", "1/3"));
```

就我來看，這個測試正大叫著「糟糕的設計」。首先，分數在哪裡？隱約藏在、大概是在 addFraction 函數的內部。

更糟的是，請思考一下這裡發生了什麼事。我們要如何描述 addFraction 函式的行為？可能是像這樣，「它有兩個字串、解析它們，然後計算它們的總和。」一旦你在函式、方法或類別的描述中看到或想到了「總和」一詞，就會聽到腦海裡響起警鐘。這裡有兩個問題：一個是字串解析，另一個是分數加法。

如果我們將測試改寫成以下的程式碼，如何：

```
Fraction fraction = new Fraction(1, 3);
assertEquals(new Fraction(2,3), fraction.add(new Fraction(1, 3)));
```

1　「關注點分離」一詞最初是由 Edsger W. Dijkstra（*https://oreil.ly/Hyfse*）於 1974 年在他的論文「On the Role of Scientific Though」中提出，發表在《Selected Writings on Computing: A Personal Perspective》（New York: Springer-Verlag，1982 年），60–66 頁。

在第二個範例中，我們要如何描述 add 方法？也許是「回傳兩個分數的總和。」第二種解決方案更容易實現、更容易測試，內部程式碼也更容易理解。此外，由於程式碼更具模組化，因此也提高靈活性和組合性。例如，如果我們要新增三個分數而不是兩個分數，要如何運作？在第一個範例中，我們必須增加第二個方法或重構第一個方法，呼叫以下這樣的程式碼：

```
assertEquals("5/6", Fractions.addFraction("1/3", "1/3", "1/6"));
```

在第二種情況下，則不需要更改程式碼：

```
Fraction fraction1 = new Fraction(1, 3);
Fraction fraction2 = new Fraction(1, 3);
Fraction fraction3 = new Fraction(1, 6);

assertEquals(new Fraction(5,6),
             fraction1.add(fraction2).add(fraction3));
```

讓我們想像一下，假設我們確實想從字串開始表示，我們可以新增第二個類別，稱為 FractionParser 或 StringToFraction：

```
assertEquals(new Fraction(1, 3),
StringFractionTranslator.createFraction("1/3"));
```

StringFractionTranslator.createFraction 將分數的字串表示形式轉換為分數，我們可以想像這個類別中的其他方法是取出**分數**，然後以**字串**呈現。現在，我們可以更徹底地測試這個程式碼，並且跟新增分數、分數相乘或其他複雜度分開測試。

測試驅動的開發在這方面非常有用，因為它清楚地突顯出了關注點分離不良的問題。在一般情況下，如果發現撰寫測試有困難，可能是因為設計中耦合不良或關注點分離不良所導致。

在任何程式碼中，採用關注點分離是非常有效的設計策略。顧名思義，程式碼具有更好的模組化，通常也更具組合性、靈活性、測試性和可讀性。

永遠都要努力使每個方法、類別和函式都集中在單一結果上，一旦發現你的程式碼試圖做兩件事，請拉出一個新的類別或方法，使其更簡單明瞭。

技術面試是一項
值得培養的技能

Trisha Gee

我想帶你進入一個秘密：我們的行業在面試開發人員時非常恐怖。真正愚蠢的是，我們幾乎從來沒有讓職位候選人坐在他們未來實際開發的環境中撰寫真正的程式碼。這就像是從理論層面測試音樂家，卻從不聽他們演奏。

好消息是，面試是一項與眾不同的技能，意味著你可以學習。跟學習其他技能一樣，你可以研究面試涉及的內容，然後練習、練習再練習。如果你在面試中被拒絕，不代表你不是一個優秀的開發人員，可能只是意味著你不擅長面試，你能對此加以改進。每次面試都是另一個機會，你可以藉此收集更多資料，並且進行練習。

面試官經常會問類似的問題，以下是三個非常典型的例子：

多執行緒陷阱

面試官還是經常會問到，檢查散落四處的**同步化**程式碼，找出競爭條件或死鎖。如果組織裡擁有這類的程式碼，其面臨的問題會比僱用開發人員更大（雖然如果在面試中出現這種程式碼，無疑會在僱用開發人員方面遇到問題），所以也許你不想在那裡工作。對 Java 並行性（*https://oreil.ly/n54xA*）有一定的了解，有助於解決多數這類的面試問題。如果你不了解舊有 Java 並行性，請討論現代 Java 如何抽象化這些問題，解釋你如何使用 Fork / Join（*https://oreil.ly/CEQjL*）或平行流（*https://oreil.ly/epUKa*）。

編譯器陷阱

「這段程式碼可以編譯嗎？」好吧，我不知道，這就是電腦和 IDE 存在的目的 —— 工具可以回答這個問題，但我擔心其他事情。如果在面試中被問到這些問題，請使用一些 Java 認證學習資料（例如，實際書籍）來學習如何回答。

資料結構

Java 資料結構相當直覺：從了解 List（*https://oreil.ly/tc6p4*）、Set（*https://oreil.ly/KP1BA*）和 Map（*https://oreil.ly/37mGa*）之間的差異開始，是不錯的起點。知道什麼是 hash code（*https://oreil.ly/DvSYa*）也很有幫助，還有了解如何在集合環境中運用 equals（*https://oreil.ly/QvlLo*）。

在網頁上快速檢索常見的 *Java 面試問題*（common java interview questions），也能為你提供一系列好的研究主題。

這算作弊嗎？如果你學到足夠的知識來完成面試，日後真的足以勝任這份工作嗎？切記：我們這一行面試開發人員時非常恐怖。面試經驗通常與工作經驗相距甚遠，面試官提出很多問題，看看你是否可以大致了解那裡的工作方式、是否可以輕鬆學習新技術，這就是我們一直在做的事。決定你是否能成功的關鍵通常與人相關，但這是另一篇文章的主題。

測試驅動開發

Dave Farley

測試驅動開發（Test-driven development，TDD）遭到廣泛誤解。在 TDD 出現之前，唯一會讓高品質軟體造成壓力的因素有程式設計師的知識、經驗和承諾；TDD 出現之後，還有其他因素。

業界公認的高品質軟體，其程式碼包含以下屬性：

* 模組化

* 鬆散耦合

* 凝聚力

* 良好的關注點分離

* 隱藏資訊

可測試的程式碼具有以上這些屬性。TDD 是由測試驅動的開發（設計）流程，在 TDD 中撰寫能通過測試的程式碼前，我們要先撰寫測試，TDD 的用處不僅只是一種「良好的單元測試」。

首先，撰寫測試很重要，表示我們最終完成的一定是「可測試的」的程式碼。這也意味著覆蓋範圍絕不是問題，如果我們先撰寫測試，測試覆蓋範圍一定會很廣，不需要擔心它變成一個指標，而且還是一個糟糕的指標。

TDD 強化軟體開發人員的才能，它並不能使糟糕的程式設計師變得出色，但可以提升任何程式設計師的能力。

TDD 非常簡單——流程是紅燈、綠燈、重構：

* 我們撰寫了一個測試，但發現失敗（紅燈）。

* 我們撰寫最低限度的程式碼，讓它通過測試，而且看到它通過（綠燈）。

- 我們重構程式碼和測試，盡可能讓它們乾淨、富有表現力、優雅而且簡單（重構）。

以上這些步驟代表程式碼設計中的三個不同階段，在每個步驟中，我們都應該以不同的方式思考。

紅燈

重點在於表達程式碼的行為意圖，只專注在程式碼的公有介面上，就是我們目前正在設計的所有內容，僅此而已，沒有其他目的。

只思考如何撰寫一個好的、清晰的測試，該測試可以捕捉你希望程式碼執行的操作。

讓測試易於撰寫，藉此專注於公有介面的設計。如果你很容易在測試中表達想法，日後有人使用你的程式碼時，他們也很容易表達。

綠燈

做最簡單的事情，讓測試通過，即使那個簡單的測試看起來很幼稚。只要測試失敗，你的程式碼就會遭到破壞，而且處於不穩定的開發點，所以要盡快、簡單地恢復安全（綠燈）。

你的測試應該不斷擴展，以形成程式碼的「行為規範」。只有當測試失敗時才採用撰寫程式碼的準則，有助於更好地闡述和發展行為規範。

重構

一旦回到綠燈，你就可以安全地進行重構。讓你保持誠實，阻止你徘徊在雜草中而且迷路！進行一些簡單的步驟，然後重新運行測試以確認一切仍然正常。

重構不是事後才有的想法，這是一個機會，可以更戰略性地考慮你的設計。如果測試設定太複雜，程式碼可能沒有很好的關注點分離，而且可能與其他事物緊密聯繫在一起。如果你納入太多其他類別來測試程式碼，程式碼可能缺乏凝聚力。

每次通過測試後，暫停重構。一定要回頭看看並且反思：「我能做得更好嗎？」TDD 的三個階段截然不同，思維重點也應該截然不同，才能最大程度地利用每個階段的效益。

JDK 在 bin 目錄下提供了很棒的工具

Rod Hilton

每個 Java 開發人員都熟悉以 Javac 進行編譯，以 Java 執行，可能還熟悉以 jar 封裝 Java 應用程式，但是，JDK 附帶許多其他有用的工具，都已經在電腦上的 JDK 的 *bin/* 目錄下，而且可以從路徑呼叫。熟悉其中一些工具是一件好事，了解自己可以使用的工具：

jps

如果你曾經執行 ps aux | grep java，為了找到正在執行的 JVM，或許只要執行 jps。這個專用工具會列出了所有正在執行的 JVM，不過，jps 不會顯示帶有 CLASSPATH 和參數的冗長命令，只是列出程序 ID 和應用程式的主類別名稱，讓你更容易看清楚每一個程序。jps -l 會列出完全符合條件的主類別名稱，jps -m 會顯示傳遞給 main 方法的參數，jps -v 則是顯示傳遞給 JVM 本身的所有參數。

javap

JDK 搭配 Java 類別檔案反組譯器，執行 javap <class file>，查看指定類別檔案的欄位和方法。通常有助於理解哪個程式碼是以 JVM 基礎語言（例如，Scala、Clojure 或 Groovy）撰寫而成。執行 javap -c <class file>，可以查看類別方法的完整位元組碼。

jmap

執行 jmap -heap <process id>，會列印出 JVM 程序的記憶體空間摘要，例如每個 JVM 記憶體世代使用了多少記憶體，以及堆疊記憶體配置和所用的 GC 類型。jmap -histo <process id> 會列印堆疊記憶體中每個類別的直方圖，該類別有多少個實體以及消耗了多少位元的記憶體。最關鍵的是，執行 jmap -dump:format=b,file=<filename> <process id> 會將整個堆疊記憶體的快照轉儲到檔案裡。

jhat

執行 `jhat <heap dump file>` 能獲得 `jmap` 生成的檔案，運行本機的 Web 伺服器。你可以從瀏覽器連接這個伺服器，以互動的方式探索堆積記憶體（以套件名稱分組）的空間。「顯示所有類別的實體數（不包括平台）」的連結只會顯示 Java 本身以外的類別實體。你還可以執行「OQL」查詢，透過 SQL-esque 語法查詢堆積記憶體的空間。

jinfo p

執行 `jinfo <process id>`，可以查看 JVM 載入的所有系統屬性和JVM 命令列旗標。

jstack p

執行 `jstack <process id>`，會印出當前在 JVM 中，所有正在運行的 Java 執行緒的堆疊追蹤。

jconsole 和 jvisualvm

這些是圖形工具，允許連接 JVM 並且交互監看正在運行的 JVM，提供運行過程中各個方面的可視化圖形和直方圖，如果想使用滑鼠操作，這兩者為上述許多工具的替代方案。

jshell

從 Java 9 開始，Java 具有誠實至善的 REPL 循環，這是一種檢查語法，執行以 Java 為基礎的快速命令，或試用程式碼和進行實驗，但無需建構完整程序的強大工具。

上述許多工具不僅可以在本機執行，還可以針對遠端電腦上運行的 JVM 程序執行。這些工具只是你已經安裝好的有用程序裡的某一部分，需要花一點時間查看 JDK 執行目錄下的內容，並且閱讀手冊，了解工具列中的工具總是能派上用場。

多方學習
不同於 Java 的思維

Ian F. Darwin

「針對任何目的，Java 都是有史以來最好的語言。」如果你相信這一點，你需要走出去做更多有意義的事。當然，Java 是一個偉大的語言，但它並不是唯一優秀的語言，也不是針對所有目的都適合的最佳語言。事實上，身為專業的開發人員，你應該經常花時間學習或使用一種新的語言，不論是在工作中還是私人目的。深入了解一項新語言和你目前所使用的方法，在根本上有何不同，以及它是否對你的專案有用。換句話說：嘗試看看其他程式語言，你可能會喜歡它們。你可能需要學習以下幾種語言：

- JavaScript 是瀏覽器的語言，儘管名稱和 Java 相似，關鍵字也有十幾種，但 JavaScript 和 Java 卻大不相同。JavaScript 搭載了數百種不同的 Web 框架，其中一些框架是在前端程式背後。例如，Node. js（*https://nodejs.org*）能讓你在伺服器端運行 JavaScript，帶來了許多新的可能性。

- Kotlin（*https://kotlinlang.org*）是一種 JVM 語言，與這裡列出的多數語言一樣，其語法比 Java 更為寬鬆，搭載其他特性，使其比 Java 具有更多優勢。Google 在 Android 系統裡，大部分工作都使用 Kotlin，並且鼓勵開發者在 Android 應用程式中使用 Kotlin。

- Dart（*https://dartlang.org*）和 Flutter（*https://flutter.dev*）：Dart 是 Google 編譯的腳本語言，最初是用於網絡編譯，直到 Flutter 從一個程式庫開始將 Dart 用於 Android 和 iOS 應用程式（某一天起開始用於瀏覽器端）後，Dart 才發展起來。

- Python（*https://www.python.org*）、Ruby（*https://oreil.ly/jtdUQ*）和 Perl（*https://www.perl.org*）已經存在數十年，而且仍然是最受歡迎的語言。前兩者具有 JVM 實作，也就是 Jython 和 JRuby，雖然前者並未得到積極維護。

- Scala（*https://oreil.ly/iJX8Q*）、Clojure（*http://clojure.org*）和 Frege（*https://oreil.ly/vXlmZ*）（Haskell 是 Frege 的實作，*https://www.haskell.org*）是 JVM 函式語言程式設計（FP，*https://oreil.ly/u0BQX*）。FP 的發展歷史悠久而且範圍小，但近年來已進入主流。撰寫本篇文章時，許多 FP 語言尚未在 JVM 上運行，例如，Idris（*https://oreil.ly/YS0vJ*）和 Agda（*https://oreil.ly/X8wti*）。假使你不熟悉 Java FP，那麼學習 FP 可能有助於使用 Java 8 版本的函式特性。

- R 語言（*https://oreil.ly/eh0Tw*）是一種用於處理資料的轉譯語言。R 語言是從 Bell Labs 的 S 語言（*https://oreil.ly/yDxJZ*）中複製出來（*https://oreil.ly/PbWQW*），提供給統計學家使用，此外，資料科學家或是任何在「電子表格背後」工作的人也很流行用 R 語言。R 語言內建和搭載大量的統計、數學和圖形功能。

- Rust（*https://oreil.ly/Shxzu*）是一種針對系統開發的編譯語言，具有並行性和強型態化功能。

- Go（Golang，*https://golang.org*）是由 Robert Griesemer、Rob Pike 和 Ken Thompson（Unix 的共同創造者）在 Google 上發明的一種編譯語言。編譯為 JavaScript 和 WebAssembly，有多種編譯器可以針對本機不同的作業系統和 Web 開發。

- C 是 C++、Objective-C 和 Java、C＃和 Rust 的祖先。（C 為這些語言提供了內建型態、方法語法和程式碼區塊括號的基本語法，而且是 `int i = 077` 的語言；在 Java 中的值是 63。）如果你不曾學過組合語言，從「C 語言」開始了解記憶體模型，讓你對 Java 的工作方式有所了解。

- JShell（*https://oreil.ly/vkgl3*）本身不是一種語言，是一種撰寫 Java 的方式。不必寫出 `public class Mumble {` 和 `public static void main(String[] args) {`，只是嘗試一個表達式或某個新的 API，忘記所有的儀式和樣板，用用看 JShell 吧。

你還可以繼續學習更多程式語言，請持續跳脫 Java 框架思考。

談協同程序的運用思維

Dawn Griffiths & David Griffiths

協同程序指可以暫停和恢復的功能或方法。在 Kotlin 語言中,協同程序可以取代執行緒,用於異步工作,因為許多協同程序可以在單一執行緒上高效運行。

以下建立一個範例程序,平行播放這些鼓的序列,來看看協同程序的工作原理:

樂器	播放順序
中音鼓	x-x-x-x-x-x-x-
雙面鈸	x-x-x---x-x-x---
銅鈸	---------------x----

我們可以使用執行緒來執行這項操作,但是在多數的系統裡,聲音是由聲音子系統播放,程式碼會暫停直到可以播放下一個聲音,這種阻塞執行緒等有價值資源的做法很浪費。

取而代之的是,我們將建立一組協同程序:每個工具都有一個協同程序。我們會建立一個名為 **playBeats** 的方法,這個方法採用鼓音序和聲音檔案的名稱。完整程式碼放在 *https://oreil.ly/6x0GK*;以下程式碼是簡化過的版本:

```
suspend fun playBeats(beats: String, file: String) {
  for (...) { // for each beat
    ...
    playSound(file)
    ...
    delay(<time in milliseconds>)
    ...
  }
}
```

呼叫 playBeats("x-x-x---x-x-x---", "high_hat.aiff")，使用 *high_hat.aiff* 聲音檔案依序播放鼓音。從以上這個程式碼裡，你可以找到所有 Kotlin 協同程序都有的兩個共同點：

- 以關鍵字 suspend 開頭，表示該函式可以在某些時間點暫停操作，直到某些外部程式碼重新啟動操作為止。

- delay 函式的無阻塞呼叫。

delay 函式的做法是透過將控制權交還給外部世界，並且要求在指定的暫停程序後再次恢復功能，類似 Thread.sleep 的做法。

如果這就是協同程序的樣子，你會怎麼稱呼它？什麼叫協同程序，是處理暫停然後在需要重新啟動時重新排程嗎？ launch 函式會為我們處理一切。協同程序的主要方法如下：

```
fun main() {
  runBlocking {
    launch { playBeats("x-x-x-x-x-x-x-x-", "toms.aiff") }
    launch { playBeats("x-x-x---x-x-x---", "high_hat.aiff") }
    launch { playBeats("----------------x----", "crash_cymbal.aiff") }
  }
}
```

launch 函式每次呼叫都會接受一個呼叫協同程序的程式碼區塊，Kotlin 中的程式碼區塊就像 Java 中的 Lambda。launch 函式透過 runBlocking 函式提供的範圍，註冊偕同程序呼叫。

runBlocking 在主要執行緒上執行已經排程好的迴圈，該執行緒會協調每個協同程序的呼叫，依次呼叫每個 playBeats 協同程序，並且透過呼叫延遲等待暫停。delay.runBlocking 會等待，直到需要恢復其他 playBeats 的協同程序；runBlocking 會執行這項操作，直到所有協同程序完成為止。

你可以將協同程序視為輕量級執行緒：設計精神是讓你將工作拆分為單獨的簡單任務，這些任務好像在同一執行緒上同時運行。

在為 Android 撰寫程式碼時，協同程序相當寶貴，因為它強制執行嚴格的執行緒模型，其中某些操作必須在主 UI 執行緒上運行，但是，在必須有效利用現有執行緒的環境下，協同程序在建立可伸縮伺服器端的應用程式上是十分有用的做法。

請將執行緒視為
基礎設施的一環

Russel Winder

有多少 Java 程式設計師在撰寫程式的過程中管理（甚至會考慮）堆疊使用？幾乎沒有。絕大多數的 Java 程式設計師將堆疊管理丟給編譯器和程式執行環境的系統。

有多少 Java 程式設計師在撰寫程式期間管理（甚至會考慮）堆積使用？很少。多數 Java 程式設計師都認為垃圾回收系統會處理所有堆疊管理。

既然如此，為什麼有那麼多 Java 程式設計師手動管理所有執行緒呢？這是因為他們被教導要這麼做。Java 從一開始就支持共享記憶體多執行緒，幾乎可以肯定這是一個大錯誤。

大部分的 Java 程式設計師對並行性和平行性的了解，幾乎所有知識都是基於 1960 年代建構作業系統的理論。如果你正在撰寫作業系統，這一切對你都是好東西，但是多數 Java 程序實際上是作業系統嗎？並不是。因此，必須重新思考。

如果你的程式碼具有任何同步化的陳述式、鎖、互斥體（所有操作系統的附屬工具），你很有可能會出錯。對多數 Java 程式設計師來說，這是錯誤的抽象層級。正如堆疊空間和堆積空間是託管資源一樣，執行緒也應該視為託管資源。與其明確地建立和管理執行緒，不如建構工作任務並且將其提交到執行緒池。工作任務應該是單一執行緒，這很明顯！如果你有許多工作任務需要彼此溝通，不要使用共享記憶體，應該使用執行緒安全佇列。

所有這些知識在 1970 年代就已為人所知，最終以 Charles Antony (Tony) Richard Hoare 爵士建立的通訊序列過程（Communicating Sequential Processes，CSP）作為代數來描述並行和平行計算。令人遺憾的是，多數程式設計師匆忙使用共享記憶體多執行緒，而每個程序都是一個新的作業系統，卻忽略了它。但是，在 2000 年代，許多人希望回到序列流程進行溝通；近年來，最受矚目的倡導者是 Go 語言。這一切都是跟序列通訊有關的過程，透過基礎執行緒池執行。

許多使用術語，像是 actors、dataflow、CSP 或 active objects 都是序列過程和通訊主題的變形。Akka、Quasar 和 GPar 都是在執行緒池上提供的各種形式任務的框架。Java 平台搭配 Fork ／ Join 框架，該框架可以明確使用，還支持 Streams 函式庫，這是 Java 8 中導入的 Java 革命。

對於多數 Java 程式設計師來說，將執行緒作為託管資源是正確的抽象層級，Actors、dataflow、CSP 和 active objects 是給絕大多數程式設計師使用的抽象。放棄手動控制執行緒，Java 程式設計師可以撰寫更簡單、更易理解、更能維護的系統。

真正優秀的開發人員
會具備三項特質

Jannah Patchay

我的本科學位是電腦科學和數學，職業生涯前幾年是從事 Java 開發人員。身為開發人員，我真的很開心，就跟許多數學家一樣，我癡迷於撰寫簡潔優美的程式碼，而且會投入很長的一段時間重構我的程式碼，直到它盡可能接近完美為止。我在意最終使用者，但只限於最終使用者提出我必須解決的挑戰要求。

我畢業後已經快 20 年了，現在我走了一條完全不同的道路，為金融市場法規和市場結構提供諮詢，對金融創新特別感興趣，這也讓我與技術專家保持聯繫。多年來，我一直與許多開發人員合作，來自圍牆另一端的人提供明確的要求。隨著時間的流逝，我對某些特質有更多的了解，這些特質的確是非常優秀的開發人員所具備的，超越了技術能力。

首先，也是最重要的是好奇心。相同的驅動力可以引導你想要解決問題，了解事物如何工作以及建構新事物，並且將同一份力量應用於與客戶和利害關係人的互動。當開發人員提出許多有關業務領域的問題時，非常好，因為這表示他們確實想理解和學習，還可以讓你更好地了解業務領域以及更有效地解決最終使用者問題的能力。我遇到了很多開發經理，他們積極地勸說團隊不要過多地「阻礙」業務，以免產生問題，這是錯的。

第二和第三是同理心和想像力，這種能力是讓自己站在最終使用者的立場，試圖了解他們的優先事項和使用軟體的經驗。然後，你還可以利用技術專長為他們所面臨的挑戰提出創造性的解決方案。許多開發人員傾向於忽略很多無關緊要的東西，或者認為應該由其他人來處理，但是，如果你能夠直接與業務部門進行交流會更加有效，讓你成為更好的開發人員。

這些聽起來顯而易見，但是它們是如此重要。我最近參加了一次有關技術與創新的會議，該會議重點討論了技術與業務之間進行協作的重要性，才能最大程度地利用新興技術，例如，雲端技術、分散式帳簿技術和人工智慧 / 機器學習。許多演講者強調了打破開發人員和最終使用者之間的藩籬的重要性。現在，有些人將開發人員納入他們的業務團隊，並且期望他們對業務領域有相同的了解。因此，這也跟未來以及如何更聰明地工作有關。如果你可以培養這些技能，那麼它也可以為你打開大門。

權衡微服務之利弊

Kenny Bastani

有沒有最佳的軟體架構？有的話，會是什麼樣子？建構和運行軟體時，我們如何衡量「最佳」？最佳的軟體架構具有最大的靈活性，可以用最低的成本進行更改。此處的成本是根據代表軟體架構設計和實現的某些品質來衡量，此外，還包括操作該軟體架構的基礎結構的成本。軟體品質的定義特徵是可以對其進行具體衡量，而且會對其他品質產生影響。

例如，假設軟體架構需要強大的一致性保證，會對效能和可用性這類的品質產生影響。Eric Brewer 建立了 CAP 定理，描述一組可以衡量的權衡指標，你只能在運行資料庫的三項保證中選擇兩項：**一致性、可用性和分區容錯性**。這個定理指出，當應用程式跨網絡邊界共享狀態時，必須在一致性或可用性之間進行選擇，但不能同時兼具。

微服務的主要問題之一是沒有單一的全面定義。此外，微服務的概念與想法是以一組用於交付服務架構的約束為基礎。微服務或是你建構的任何軟體都是一種選擇的歷史，從而影響你今天做出新選擇的能力。

雖然微服務可能沒有單一的定義，但它們最常見的特徵有以下幾個：

- 獨立的可部署性
- 以業務能力為中心進行組織
- 每個服務都有資料庫
- 一個應用程式就有一個團隊
- API 優先
- 持續交付

當你進入軟體開發領域時，最終會發現沒有正確的選擇。的確，多數開發人員或運營商可能認為存在最佳選擇，你可能會發現他們強烈支持這種選擇。當你遇到越來越多的機會，在多個選擇之間做出決定時（例如，使用哪種資料庫），最終會發現所有可用的選項都會帶來某些折衷，也就是說，你通常必須失去某些東西才能獲得某些價值。

以下這個簡短的清單，是你決定包括對微服務的相依性時，可能會遇到的權衡因素：

可用性	使用者多久使用我的系統一次？
效能	我的系統整體效能如何？
一致性	我的系統對一致性提供什麼保證？
速度	我可以多快修改單行程式碼，並且部署到生產環境中？
組合性	架構和程式庫可以重複使用而不是重新複製的比例有多少？
計算	在尖峰負載下，我的系統計算成本是多少？
規模性	如果尖峰負載持續升高，增加容量的成本是多少？
邊際效應	將開發人員加入我的團隊，平均邊際效應遞減是多少？
分區容錯性	如果網路中的分區導致中斷或延遲，我的應用程式會遇到故障還是導致級聯失敗？

回答一個問題會對其它問題的答案產生什麼影響？

你會發現這些問題中的每一個答案，通常會與其他問題有某種關聯。如果你發現使用微服務的軟體架構時需要做出艱難的決定，請回頭來看看這個問題清單。

非受檢例外

Kevlin Henney

如果你想走到地獄，旅途會很輕鬆，整條路都已經盡心盡力為你鋪好，這些鋪路的石頭裡中，Java 的受檢例外模型至少會獨佔一塊。

受檢例外（checked exception）如果未在方法內處理，就一定要出現在方法的 throws 子句中。throws 之後會列出從 Throwable 衍生的任何類別，但是一定會出現未處理的受檢例外（不是從 RuntimeException 或 Error 兩者之中衍生出來）。這是 Java 語言的特性之一，但對 JVM 沒有任何意義，JVM 語言也不需要。

此處，一個立意良好的意圖將失敗方法的型態層級，提升到跟成功情境下的輸入/輸出一樣重要，乍看之下似乎合理。的確，在一個小型而且封閉的程式庫中，不要忽略某些例外，就很容易符合這個型態級別信心的目標，一旦符合，就可以為程式碼的完整性提供某種（非常）基本的保證。

但是，在小規模範圍內可行的實務做法，沒有擴大規模的義務。Java 的受檢例外是將控制流與型態結合在一起的實驗，實驗會產生結果，C# 的設計師從這樣的經驗中學習到（*https://oreil.ly/rCT18*）：

> C# 不需要也不允許這種異常規範。檢查小型程式得出的結論是，要求使用異常規範既可以提高開發人員的生產力，又可以提高程式碼品質，但是從大型軟體專案的經驗顯示，結果會有所不同──生產力下降而且程式碼品質幾乎沒有提升。

C#、其他 JVM 語言和其他非 JVM 語言的程式設計人員……不論他們最初的意圖是什麼，現實世界中頻繁使用受檢例外被視為開發工作上的障礙，而且，如果程式設計師精通這項技能，就等於是在障礙的包圍下工作。

編譯器會抱怨未處理的受檢例外嗎？一個 IDE 捷徑，障礙消失了！原本是不斷加長的 `throws` 子句，將附帶的資訊推入已經發布的簽章中，因而經常流失應該封裝的細節。

或是在每個方法中都增加 `throw Exception` 或 `OurOurException`，喧鬧地擊敗一個跟失敗有關的特定目標？

catch-and-kill 如何？如果你急於推出程式碼，沒有什麼問題是空 `catch` 區塊不能解決的！你是受檢例外這隻炎魔大戰的甘道夫 ——「你不能通過！」

受檢例外帶來並且啟發了語法包袱，但是問題更加嚴重，不僅僅是少部分設計師的紀律或容忍冗長程式碼而已：對框架和擴展程式碼來說，受檢例外從一開始就存在缺陷。

發布介面時，你承諾和方法簽章簽下約定，正如作家托爾斯泰在《*Anna Karenina*》中所意識到的，雨天情景並不像開心情景那樣簡單、確定或可以預知：

> 所有幸福的家庭都一樣，但每個不幸的家庭都會以自己的方式感到不幸。

介面穩定性很難，所以很難發展介面，但增加 `throws` 使所有事情變得更加困難。

如果有人將自己的程式碼插入你的程式碼，並在自己的應用程式中使用你的程式碼，他們知道自己可能會丟出什麼，但是你不知道也不在乎。你的程式碼應該讓例外從外掛程式碼通過，進入應用程式的主要程式碼的處理程序，開放式控制反轉要求例外處理透明化。

然而，如果外掛程式使用受檢例外，就無法使用你的介面，除非你對每個方法加入 `throws Exception`（這項干擾會給所有相關程式碼造成負擔），或者外掛程式將例外封裝在 `RuntimeException` 裡……或者外掛程式改變方法，改為將受檢例外標準化。

最後一個選項是所有方法中最輕量、最穩定和最開放的方法。

開啟容器化整合測試潛藏的力量

Kevin Wittek

多數 Java 開發人員都可能在生涯的某個時刻遇到測試金字塔，不論是在電腦科學課程上，還是在會議演講、撰寫文章或部落格貼文中。我們可以找到大量的起源故事和這種隱喻的變形（深入研究那些值得自己撰寫的文章），但整體而言，可以歸納為擁有大規模基礎的單元測試，其次是比較小的整合測試，甚至更小的技巧是端到端的 UI 測試。

金字塔這個形狀被提出來作為不同測試類別的理想最佳比率，但是，跟軟體和電腦中的所有內容一樣，這些準則需要根據背景進行評估，表示其假設整合測試緩慢而且脆弱。如果預期整合測試將在共享測試環境中運行或需要廣泛配置本機相依性，則此假設可能是正確的。但是，如果我們挑戰這些假設，理想的形狀是否仍會是金字塔？

電腦的功能越來越強大，我們可以使用虛擬機（VM）完全納入完整的開發環境，也可以使用它們來管理和運行整合測試所需的外部相依性（例如，資料庫或訊息代理）。但是，由於多數虛擬機實作都不是沒有負擔，這會增加開發工作站的負載和資源消耗。此外，臨時安裝所需環境時（作為測試執行的一部分），虛擬機的啟動和建立時間過長。

另一方面，使用者友善容器技術的出現，讓新的測試典範興起。這些低開銷的容器實作（本質上是將自包含檔案系統隔離的過程）可以依照需求，建立和檢測所需的服務，並且可以使用統一的工具。不過，這種測試通常是在實際測試執行之外手動完成而且費力，會降低新進開發人員的入職速度，並且導入潛在的文書錯誤。

在我看來，社群應該努力實現的目標是，使測試環境的設置和檢測成為測試執行、乃至測試程式碼本身不可或缺的一部分。對於 Java，這意味著無論是透過 IDE 還是透過編譯工具，執行 JUnit 測試套件都要建立和配置測試所需的一組容器。今天的技術可以實現這個目標！

我們可以使用現有的 API 或命令列工具，直接與容器引擎進行互動，進而撰寫我們自己的「容器驅動程式」，但是請注意，啟動容器與容器內部服務就緒程度之間的區別。此外，還有機會探索現有專案的 Java 生態系統，這些專案可以在更高的抽象層級上提供這些功能。不論是哪種方式，都應該釋出良好的整合測試力量，擺脫過去的束縛！

模糊測試超乎常理地有效

Nat Pryce

不論是否使用測試驅動開發，撰寫自動測試的程式設計師都會遭遇到積極的測試偏見 [1,2]：他們更有可能在給定有效輸入時，測試軟體是否正確運行，而不是在給定無效輸入時，測試軟體是否健全。結果，我們的測試套件無法檢測到所有類別的缺陷。模糊測試 [3] 是否定測試的一種不合理有效的技術，很容易納入現有的自動化測試套件中。在測試驅動開發的過程中，納入模糊測試能幫助你建構更強大的系統。

例如，我們正在擴展一種廣泛使用的消費產品的軟體，以便於從 Web 服務中獲取資料。雖然我們謹慎地編寫了健全的網路程式碼，並且測試了正面案例和負面案例，但模糊測試立即發現了令人驚訝的大量輸入，這些輸入會使軟體引發意外異常。許多解析資料的標準 Java API 都會引發未經檢查的異常，因此型態檢查器無法確保應用程式處理了所有可能的解析錯誤。這些意外的異常可能會使設備處於未知狀態。在消費類型的設備中，即使是可以遠端更新的設備，也可能意味著增加客戶支援電話或工程師服務的昂貴成本。

---

1   Adnan Causevic、Rakesh Shukla、Sasikumar Punnekkat 和 Daniel Sundmark 撰，「Effects of Negative Testing on TDD: An Industrial Experiment.」。Hubert Baumeister 和 Barbara Weber 編輯，《Agile Processes in Software Engineering and Extreme Programming: 14th International Conference, XP 2013》，2013年6月3-7日於奧地利的維也納舉行。（Berlin: Springer，2013年），91–105頁，*https://oreil.ly/qX_4n*。

2   Laura Marie Leventhal、Barbee M. Teasley、Diane S. Rohlman和Keith Instone 撰，「Positive Test Bias in Software Testing among Professionals: A Review.」。刊登於 Leonard.J. Bass、Juri Gornostaev 和 Claus Unger 編輯的《Human-Computer Interaction EWHCI 1993 Lecture Notes in Computer Science》，第 753 卷（Berlin: Springer，1993年），第 210-218 頁，*https://oreil.ly/FTecF*。

3   Michael Sutton、Adam Greene和Pedram Amini 所撰，「Fuzzing: Brute Force Vulnerability Discovery」（Upper Saddle River, NJ: Addison-Wesley Professional, 2007 年）。

模糊測試會產生許多隨機輸入，輸入到測試軟體裡，然後檢查軟體是否繼續表現出可接受的行為。為了提供有用的覆蓋範圍，模糊器必須產生足夠有效的輸入，以至於軟體不能立即拒絕，但是必須足夠無效，以發現未覆蓋的極端情況或錯誤處理邏輯中的缺陷。

有兩種方法可以解決這個問題：

- 以變異為基礎的模糊器會變異成良好輸入的範例，以建立可能無效的測試輸入。

- 以世代為基礎的模糊器從定義有效輸入結構的形式模型（例如，語法）產生輸入。

以變異為基礎的模糊器被認為對黑盒測試不切實際，因為很難獲得足夠的有效輸入樣本[4]。但是，當我們對程式碼進行測試驅動時，積極的測試範例會提供現成的有效輸入集合，這些集合可以執行許多操作軟體中的控制路徑。以變異為基礎的模糊測試不僅實用，而且易於應用。

在整個系統中運行數千個隨機輸入會花費很長時間，同樣地，如果我們在開發過程中進行模糊測試，則可以對系統的特定功能進行模糊測試和設計，以便於可以對它們進行單獨測試。然後，使用模糊檢查這些單元的正確行為，並且進行型態檢查，以確保它們與系統的其餘部分正確組合。

以下是一個模糊測試的範例，該測試與型態檢查器一起確保 JSON 訊息解析器只能引發其簽章中宣告的例外檢查：

```
@Test public void
only_throws_declared_exceptions_on_unexpected_json() {
  JsonMutator mutator = new JsonMutator();
  mutator.mutate(validJsonMessages(), 1000)
    .forEach(possiblyInvalidJsonMessage -> {
      try {
        // we don't care about the parsed result in this test
        parseJsonMessage(possiblyInvalidJsonMessage);
      }
      catch (FormatException e) {
        // allowed
      }
```

---

4 Charlie Miller 和 Zachary N.J. Peterson 所撰，「Analysis of Mutation and Generation-Based Fuzzing」（DefCon 15, 2007 年），第 1–7 頁。

```
            catch (RuntimeException t) {
              fail("unexpected exception: " + t +
                  " for input: " + possiblyInvalidJsonMessage);
            }
        });
    }
```

在我的測試驅動開發工具箱裡，模糊測試現在已經是重要的一份子，有助於消除缺陷，並且引導我設計出更加結構化的系統。

GitHub（*https://oreil.ly/nxVuC*）提供一套簡單的函式庫，可以在 Java 環境中執行以變異為基礎的模糊測試，還有一些 Kotlin 專案。

利用覆蓋率改善單元測試

Emily Bache

現在要衡量測試的覆蓋範圍，比以往任何時候都要容易，在現代的 IDE 中，用於運行具有覆蓋率測試的按鈕就位於運行或除錯按鈕的旁邊。覆蓋結果會以逐級的形式呈現，幾乎沒有圖表圖形，而且相關的行數在原始程式碼中會以彩色突出顯示。

覆蓋範圍資料很容易掌握，但是，使用它的最佳方法是什麼？

當你撰寫新的程式碼時

多數人都同意你應該將單元測試與編寫的所有程式碼一起交付，你可以爭論執行任務的順序，但是就我的經驗，最有效的方法是短時間內的回饋循環。撰寫一些測試程式碼、撰寫一些生產程式碼，並且與測試一起建構功能。當我採取這種工作方式，我會不時進行覆蓋範圍內的測試，作為額外的保險，確保我沒有忘記測試剛剛撰寫的一些新的程式碼。

採用這種做法，主要危險是當你對高覆蓋率感到非常滿意時，不會注意到缺少關鍵功能的程式碼和測試。也許你會忘記加入錯誤處理，也許你會錯過業務規則，如果你從來沒有從頭撰寫過生產程式碼，那麼衡量覆蓋率就無法為你發現這一點。

當你必須修改自己沒寫過的程式碼時

修改你自己沒寫過、測試不合格或缺失的程式碼可能會帶來挑戰，尤其是如果你沒有真正了解程式碼的功能但仍需要更改時，面對這種情況，測試覆蓋率幫助我了解測試的良好程度，以及可以更自信地重構哪些部分。

我還可以依靠覆蓋率資料來發現新的測試範例，並且增加覆蓋範圍。不過，這樣做可能會很危險。如果我純粹是為了增加覆蓋範圍而撰寫測試，最終可以將測試與實現緊密結合起來。

當你在團隊中工作時

團隊的特徵之一是你擁有每個人都同意的「規範」或接受的行為,不論是隱性還是顯性,你的團隊規範之一可能是,將覆蓋範圍測試作為程式碼和測試審查過程的一部分。它可以幫助你查看缺少的測試內容,也許某些團隊成員需要更多的支持和培訓來撰寫更好的測試。當你看到涵蓋複雜的新功能時,可能會令人鼓舞。

如果你會定期衡量整個程式庫的測試覆蓋率,建議你更頻繁地關注趨勢而不是絕對數字。我發現任意覆蓋目標會導致人們傾向於只測試易於測試的內容,人們可以避免進行重構,因為導入新的程式碼會降低整體覆蓋範圍。我見過缺少或用非常弱的斷言撰寫的測試,只為了提高覆蓋率。

覆蓋範圍可以幫助你改善單元測試,單元測試可以簡化重構。覆蓋率測量是一種工具,可幫助你改善單元測試並且簡化生活。

廣泛利用自定義的 @ID 註解型別

Mark Richards

Java 中的註解易於撰寫、易於使用且非常強大，至少其中一些是如此。傳統上，Java 中的註解提供了一種便利的方式，實現剖面導向程式設計（aspect-oriented programming，AOP），該技術的目的在於透過程式碼中的指定點注入行為，分離出常見的行為問題，但是，由於不良的副作用以及希望將所有程式碼都放在同一個位置（類別檔案），大部分的開發人員都已經放棄了 AOP。

*@ID 註解*則完全不同，因為它們不包含任何功能性。相反地，它們只提供可用於管理、分析或記錄程式碼或架構某些方面的程式設計資訊。你可以使用 @ID 註解來標記交易邊界、領域或子領域，描述服務分類法、表示框架程式碼，將其用於其他數十種案例中。

例如，@ID 類別作為基礎框架（或微服務中的樣板程式碼）的一部分通常很重要，如此一來，可以密切監看或保護修改。以下註解就是這樣的做法：

```
@Retention(RetentionPolicy.RUNTIME)
@Target(ElementType.TYPE)
public @interface Framework {}

@Framework
public class Logger {...}
```

等等——這個註解沒有作用！還是？它將該類別表示為與框架相關的類別，意味著對該類別所做的更改可能會影響幾乎所有其他類別。如果任何框架程式碼已更改這個迭代，可以撰寫自動測試以發送通知，還可以讓開發人員知道他們正在修改的類別是作為基礎框架程式碼的一部分。

以下列表是我定期會使用的其他常見 @ID 註解（所有這些註解均在類別層級指定）：

```
public @interface ServiceEntrypoint {}
```
辨識微服務的進入點，還可以作為以下列出的其他服務的註解佔位符。

用途：`@ServiceEntrypoint`

```
public @interface Saga {public Transaction[] value()...}
```
辨識分散式交易中涉及的服務，`Transaction` 值列出跨多個服務的事務，已加入納入 `@ServiceEntrypoint` 註解的類別裡。

用途：`@Saga({Transaction.CANCEL_ORDER})`

```
public @interface ServiceDomain {public Domain value()...}
```
辨識服務屬於（標記為 Domain 值）的邏輯領域（例如，付費、購物、發行者等等），已加入納入 `@ServiceEntrypoint` 註解的類別裡。

用途：`@ServiceDomain(Domain.PAYMENT)`

```
public @interface ServiceType {public Type value()...}
```
辨識服務的分類，`Type` 值列舉出已經定義的服務型態（分類），已加入納入 `@ServiceEntrypoint` 註解的類別裡。

用途：`@ServiceType(Type.ORCHESTRATION)`

```
public @interface SharedService {}
```
標記為橫跨整個應用程式、包含共通（共享）程式碼的類別（例如，格式化器、計算機、登入日誌、安全性等等）。

用途：`@SharedService`

@ID 註解是程式設計文件化的一種形式，與非結構化的類別註解不同，@ID 註解提供一種確保一致性或執行分析一致的方法，或是可以用於將類別或服務的背景通知開發人員。例如，在使用 ArchUnit（*https://www.archunit.org*）撰寫適應性函式時，可以利用註解來確保所有共享類別都位於應用程式的服務層中：

```
@Test
public void shared_services_should_reside_in_services_layer() {
    classes().that().areAnnotatedWith(SharedService.class)
    .should().resideInAPackage("..services..").check(myClasses);
}
```

請考慮採用 @ID 註解來取代一般的註解，大量使用它們可以在你的服務
或應用程式上獲取資訊、分析和程序控制。

利用測試提高交付軟體的品質與速度

Marit van Dijk

測試你的程式碼有助於驗證程式碼是否符合預期，測試還可以幫助你新增、修改或刪除功能，而不會破壞任何功能，但測試還可以帶來其他好處。

光是考慮要測試什麼就有助於辨識軟體的不同使用方式，發現還不清楚的事物，並且更好地理解程式碼應該（不應該）做什麼。在開始實作之前就考慮如何測試這些東西，也可以改善應用程式的測試性和架構。所有這些都將幫助你在撰寫測試和程式碼之前，建構更好的解決方案。

除了系統的架構之外，不只要考慮測試的內容，還要考慮在哪裡測試。應該盡可能接近業務邏輯，對其進行測試：單元測試是測試小型單元（方法和類別），整合測試是測試不同元件之間的整合性，契約測試則是防止破壞 API 等。

考慮如何在測試的環境中與應用程式進行互動，並且使用針對該特定層級設計的工具，從單元測試（例如，JUnit、TestNG）到 API（例如，Postman、REST-assured、RestTemplate），再到 UI（例如，Selenium、Cypress）。

請牢記特定測試類型的目標，並且為此目的使用工具，例如，用於效能測試的 Gatling 或 JMeter，用於測試約定的 Spring Cloud Contract 測試或是 Pact，以及用於變異測試的 PITest。

但是只用這些工具還不夠：應該按照目的使用它們，您可以用錘子敲打螺絲，但是木頭和螺絲都會變壞。

測試自動化是系統的一部分，需要與生產程式碼一起進行維護。確保這些測試能夠增加價值，並且考慮運行和維護它們的成本。

測試應該可靠並且增加信心，如果測試不可靠，請修復或刪除它，不要忽略它，否則日後會浪費時間想知道為什麼忽略該測試，所以，請刪除不再有價值的測試（和程式碼）。

失敗的測試應該迅速準確地告訴你出了什麼問題，無需花費大量時間分析失敗。這表示：

- 每個測試都應該測試一件事。

- 使用有意義的描述性名稱，不要只描述測試的功能（我們可以閱讀程式碼）； 告訴我們為什麼這樣做，有助於決定是否應隨已經改變的功能性更新內聯測試，或者是否已找到應該解決的實際故障。

- Matcher 函式庫（例如，Hamcrest）有助於提供有關預期結果與實際結果之間差異的詳細資訊。

- 永遠不要相信你沒看到失敗的測試。

並非一切都可以（或應該）自動化，沒有任何工具可以告訴你使用應用程式的實際感受。不要害怕啟動你的應用程式並且進行探索；人類比機器更容易注意到稍微「偏離」的事物。此外，並非所有事情都值得進行自動化。

測試應該在正確的時間為你提供正確的回饋，以提供足夠的信心來執行軟體開發生命週期的下一步，從提交到整合到部署和解鎖功能。做好這項工作將有助於你更快地交付更好的軟體。

在測試程式碼中使用
物件導向原則

Angie Jones

撰寫測試程式碼時，你所用的方法一定要跟開發生產環境用的程式碼相同，這是實作測試程式碼時，使用物件導向（object-oriented，OO）原則的常見方法。

封裝

Page Object Model 設計模式（*https://oreil.ly/guEVi*）通常用於測試自動化，這個模式規定建立一個類別，與受測應用程式的頁面進行互動。在這個類別裡，有網頁元素的定位器物件以及與這些元素進行互動的方法。

限制定位器本身的存取，只公開相對應的方法，是最適當的封裝做法：

```
public class SearchPage {
    private WebDriver driver;
    private By searchButton = By.id("searchButton");
    private By queryField = By.id("query");

    public SearchPage(WebDriver driver){
        this.driver = driver;
    }

    public void search(String query) {
        driver.findElement(queryField).sendKeys(query);
        driver.findElement(searchButton).click();
    }
}
```

繼承

雖然不應該濫用繼承，但是繼承在測試程式碼中一定能發揮作用。例如，假設每個頁面上都有標題和頁尾元件，在每個 Page 物件類別中建立跟這些元件互動的欄位和方法就顯得多餘，反而應該要建立 Page 的基礎類別，包含存在每個頁面上的共通成員，讓 Page 物件繼承該類別。現在，你的測試程式碼可以存取標題和頁尾的任何內容，不論它們當前正與哪個 Page 物件進行互動。

另一個測試程式碼利用繼承的使用案例是，當給定的頁面具有各種實作時，例如，應用程式可能包含一個「使用者個人資料」頁面，該頁面根據角色（例如，管理者、會員）具有不同的功能。雖然有差異，但也可能存在重疊，在兩個類別之間複製程式碼並不理想，應該建立一個包含常用元素 / 互動 ProfilePage 類別和子類別（例如，AdminProfilePage、MemberProfilePage），用以實作特定互動和繼承通用類別。

多型

假設我們有一個便利的方法可以轉換到「使用者個人檔案」頁面，但是這個方法不知道個人檔案頁面是哪種類型 —— 管理者或會員。

此時你面臨一項設計決策，是否要採用兩種方法 —— 每種個人檔案類型都使用一種方法？這似乎有點過頭，因為這兩種類型都會做完全相同的事情，只是回傳的型態不同。

既然 AdminProfilePage 和 MemberProfilePage 都是 ProfilePage 的子類別，那就改成回傳超級類別（ProfilePage）。測試方法會呼叫這個便利的方法，具有更多背景環境又可以相應強制轉換：

```
@Test
public void badge_exists_on_admin_profile() {
    var adminProfile = (AdminProfilePage)page.goToProfile("@admin");
    ...
}
```

抽象化

在測試程式碼中很少使用抽象化，但有合理的使用案例。針對整個應用程式的不同用途，考慮一種自訂元件類型。開發與該元件特定實作互動的類別時，有效的做法是，建立一個抽象類別並且指定預期行為：

```java
public abstract class ListWidget {
    protected abstract List<WebElement> getItems();
    int getNumberOfItems() {
        return getItems().size();
    }
}

public class ProductList extends ListWidget {
    private By productLocator = By.cssSelector(".product-item");
    @Override
    protected List<WebElement> getItems() {
        return driver.findElements(productLocator);
    }
}
```

測試程式碼確實是程式碼，這表示你必須對其進行維護、強化和擴展。因此，開發時請遵循良好的程式設計實務（包括基本的物件導向原則），才能獲得最佳效益。

利用社群的力量來
提升你的職涯

Sam Hepburn

光只是成為一位優秀的 Java 開發人員已經不夠，如果你想發展自己的職業生涯，還需要寫部落格、在研討會上發表演講、參與社交媒體、致力於參與開放原始碼等等。這似乎是一項艱鉅的任務，你可能會問自己：「為什麼？為什麼我的技術能力不夠？」好吧，簡短的答案是，在很多時候，對你的職業生涯做出決策的人，永遠不會看到你的程式碼，因此，你需要確定這些人正在聽到、並且看到你的名字。

一線希望

其實你不需要做所有的事，而且有社群可以一路為你提供幫助。如果要你站在 10 人、50 人、100 人或者更多人面前的舞台上，這樣的想法實際上會讓你陷入恐慌，那就不要做。

另一方面，如果你緊張不安，覺得自己無話可說，那麼社群可以為你提供幫助。你是否曾經獨力解決過自己一直在戰鬥和思考的問題：「如果我能從已經做到這一點的人那裡學到東西的話？」每個人都會有這些想法，這些想法會成為出色的演講或部落格文章的主題。

如果你害怕在舞台上講話，那就從小做起：提交給當地 Java 使用者團體（Java User Group，JUG）或研討會之前，先向你的團隊介紹一些內容。

社群如何提供幫助？

除了建立個人資料外，參與社群之所以如此有價值的另一個原因是共享的內容和對話。技術發展如此之快，以至於成為社群的一員意味著你無需等待一本書出版，就可以獲得精彩的內容。撰寫這些書籍、研究最新

技術的人們正在社群裡活動，在部落格上分享他們的見解，並且在論壇上進行討論。

你可能已經參與其中，社群裡的人都可以幫助你提升自我。從演講者到參與者，彼此學習的東西有時比活動的整體內容更有價值，不要害怕問房間裡每個人問題，思想領導力可以透過多種方式共享，坐在你身旁的人可能會找到你一直在尋找的答案。

如果你所在的地區沒有蓬勃發展的 Java 社群，請不要驚慌，先查看 Virtual JUG（*https://virtualjug.com*）。

尋找你的下一個挑戰？

如果你要面對新的挑戰，社群可以在你的求職中為你提供真正的幫助。如果招募經理可以避免瀏覽辦公桌上數百封應徵信，直接招募自己認識的又具有適當技能的團隊成員，他們就會這樣做。

達到頂峰的最佳方法是什麼？就是尋找在應徵流程之外進行互動的方法。與地區使用者團體進行面對面的交流，也可以讓你了解與團隊合作的真正感覺。包裹糖衣的面試過程中，沒有一個人會在第一天就發現自己在不適合自己的環境中。

這又回到了我們一開始的地方：對你的職業生涯做出決策的人，永遠不會看到你的程式碼！

何謂 Java 社群參與流程計畫及其參與方式

Heather VanCura

Java 社群參與流程計畫（Java Community Process Program，*https://oreil.ly/t6agC*），簡稱 JCP 計畫，是一項國際 Java 社群標準化和核准 Java 技術規範（*https://oreil.ly/vzEzX*）的過程。JCP 計畫確保使用基於共識的包容性方法，開發高品質的規範，由 JCP 計畫核准的規範必須附上參考實作（以證明可以實現規範）和技術相容套件（用於測試實作以符合規範的一套測試、工具和文件）。

根據經驗，在一組具有各種觀點的業界專家的指導下，制定技術規範的最佳方法是，使用開放的包容性過程來製定規範和實施，這還包括為社群提供機會進行審查和評論，為確保達到技術目標，將規範與其他相關規範整合，提供強有力的技術指導。

執行委員會（Executive Committee，EC，*https://oreil.ly/J7Sng*）代表主要利害關係人的各個部門，例如，Java 供應商、利用 Java 開展業務的大型金融機構、開放原始碼團體以及 Java 社群的其他成員（包括個人和使用者團體）負責核准規範，在 JCP 計畫各個階段通過，並且協調規範及其相關測試套件之間的差異。

JCP 計畫在 1999 年推出之後，通過稱為 JCP.next 的工作，隨著該過程本身的進展而不斷發展，由 JCP EC 公開進行（*https://oreil.ly/8Xg8c*）。JCP.next 是一系列 Java 規範請求（JSR），目的是專注於透明性，簡化 JCP 計畫並且擴大其成員資格。這些 JSR 通過修改 JCP 流程文件來修改 JCP 的流程。修改完成後，它們將應用於所有新的 JSR 以及適用於 Java 平台的現有 JSR 的未來維護版本。

例如，擴展 *JCP 成員資格* 的 JSR 364（*https://oreil.ly/q3X1U*）於 JCP 版本 2.10 生效。JSR 364 透過定義新的會員級別，擴大社群的參與並且幫助確保 JCP 會員做出適當的知識財產權承諾，擴大 JCP 的參與範圍。任何 Java 開發人員都可以加入 JCP 計畫，根據成員類型的不同，JCP 成員能以 JSR 規範負責人、專家組成員或貢獻者的身份參加。

簡化 *JCP 程序* 的 JSR 387（*https://oreil.ly/ce2ag*）從 2.11 版開始生效。JSR 387 簡化了 JSR 生命週期流程，使其與當今 Java 技術的開發方式保持一致，特別是讓 JSR 能夠完成並且保持每六個月的 Java 平台發布週期節奏，透過 JSR 387，還調整了 JCP EC 的大小。

隨著 Java 社群出現許多變化，JCP 程序的延續保持不變。任何人都可以申請加入（*https://oreil.ly/eSzdV*），以公司或非營利組織（正式成員）、Java 使用者團體（夥伴成員）或個人（準成員）的身份參加 JCP 計畫。JCP 計畫的穩定性以及社群成員（*https://oreil.ly/z8rot*）的參與，確保 Java 平台及其未來的持續成功。透過標準可以執行技術策略，透過 JCP 可以進行業界協作並且獲得開發者社群的參與。

相容性很重要──JCP 計畫需要的規格、RI 和 TCK 圍繞 Java 技術建構生態系統。JCP 計畫為此提供了基礎和結構──涵蓋 IP 權利和義務，透過 TCK 選擇有利於生態系統的實作，這是 Java 技術成功和持續普及的關鍵。

為什麼我認為 Java 認證沒有價值

Colin Vipurs

某個時間以前（一定是在 20 世紀 90 年代中期左右），我有一位朋友參加了 Java 認證程式設計師考試，並且通過考試，成績高達 98%。我急於跟上，於是在午休時間參加了一項練習測試，雖然我沒有得到很高的分數，但我還是及格。我一直想著考試中的一個問題，這與 Swing 應用程式中的繼承層次結構有關，我的日常工作有用到 Swing，毫無疑問地，我可以回答這個問題，但是問到可以在 IDE 中輕鬆查詢的問題確實讓我感到奇怪。我從來沒有參加過考試，主要是因為當時我正在攻讀碩士學位。

幾年過去，我開始一份新工作。第一週，我的一位新同事問我是否獲得 Java 5 認證。我回答說：「沒有，不過我去年一直在使用它。」原來他已經通過認證，這對我來說是個好消息，團隊中的某個人具有基本的知識和技能。不到兩週後，他問我為什麼當我們重寫 equals 時，我們必須這麼麻煩地重寫 hashCode。他確實不了解這兩種方法之間的關係，他只是不知道訣竅，然而他已經通過認證！

又過了幾年，我與一家公司簽約，合約上規定公司的每位終身員工都必須經過認證，至少要達到 Java 認證程式設計師的等級。我確實在那裡遇到一些優秀的開發人員，而且這些優秀的開發人員獲得晉升，但也有一些真正糟糕的開發人員——所有這些人都通過了認證。

請快速瀏覽 Oracle 網站上關於 Java 認證的敘述，網站上會告訴你，通過認證能「幫助你找到自身的定位，驗證你具備 Java 專業開發人員的所有技能和知識」，以及能「讓你贏得更多信譽，幫助你在日常工作上表現更好，帶領團隊和公司前進。」這些根本是廢話，要成為「專業的開發人員」還有「在日常工作上表現更好」，和你獲得認證所需要的條件

無關，只要你投入足夠的學習時數，就算沒寫過任何一行程式碼也能通過考試。在這個業界裡，我們甚至無法確切地說出什麼是「好」、什麼是「壞」，單憑一張紙就能宣稱會做到這些事，根本毫無價值。

當然，凡事都有例外。我曾經認識過幾個人（好吧，至少有一位），他們利用 Java 認證這個途徑，強化自己所擁有的知識，學習他們日常工作上本來不需要的部分，對於這些人，我會脫帽致意。在我寫專業軟體這 20 多年來的時間裡，對於認證，我知道有一點永遠不變，那就是：優秀的開發人員不需要它，但是劣質的開發人員可以輕鬆考取。

請以一句話表達註解內容

Peter Hilton

> 有一個普遍存在的謬論是，一位寫出難以理解的程式碼的作者，卻
> 能以某種方式清晰、明確地在註解中表達。
>
> — *Kevlin Henney*

你可能在程式碼中寫了太多註解，或者根本沒有註解。一般而言，太多
註解意味著要維護的內容太多，可能會導致危險、不正確註解，因此最
好刪除。太多註解也可能表示它們寫得不好並且沒有得到改善，因為很
難「清晰、明確地」寫出來。此處完全沒有說要靠完美的命名、程式碼
結構和測試，甚至比聽起來要難得多。

我們都已經看過很多程式碼，這些程式碼的作者根本沒有寫任何註解，
可能是為了節省時間，還是因為他們不想做，或者是因為他們認為自己
的程式碼是自我記錄用的。有時候程式碼確實寫得很好：一個新專案的
前幾千行、以手工打造的業餘專案的程式碼，也許是一個成熟而且維護
良好的程式庫專案，其專注範圍讓程式庫很小。

大型應用程式不同，尤其是企業級的商業應用程式。當你維護其他人撰
寫的十萬行程式碼，同時還要新增內容時，註解就成為問題。程式碼並
非完美無缺，需要一些註解。困難的是我們需要多少解釋：要加多少註
解？

要對大型應用程式的程式庫進行註解，答案是：以一句話表達註解內
容，如下所示：

1. 請盡力撰寫最好的程式碼。

2. 以一句話註解每個公有類別和方法 / 函式。

3. 重構程式碼。

4. 刪除不必要的註解。

5. 很糟的註解要重寫（因為所有好的寫作都需要重寫）。

6. 只在絕對必要時才加入細節。

這種方法可以幫助你發現哪些註解是必要的，可能是因為程式碼無法解釋其原因，也可能是因為你還沒有時間重構。你會在寫出一句話註解時找到答案：如果要寫出好的註解需要幾分鐘，那麼有必要投入時間，這可以為你和其他讀者節省時間。

如果你盡力以最快的速度寫出不錯的註解，確認程式碼「很明顯」不需要這個註解，就必須立即刪除。訣竅在於，發現真正需要撰寫的註解，不論你認為程式碼有多顯而易見，尤其是你自己撰寫時，都是如此。不要跳過這個步驟！

你一定會需要最少數量的註解，這些註解只能*解釋程式碼無法說明的內容*[1]，回答你*為什麼*無法在程式碼中回答這個問題的理由。每個公有介面將這些限制為一句話，讓撰寫、程式碼審查和維護工作變得確切可行，讓你專注於品質和簡潔性。

除非確實有必要，否則不要寫超過一個句子。你可能會需要解釋更多*為什麼*、異常複雜性或艱澀的領域語言術語（尤其是縮寫詞），可以委託給其他地方：問題領域通常具有可以連結的維基百科頁面。

如果註解寫得很好會非常有用，主要是因為我們花在閱讀程式碼上的時間多於撰寫程式碼的時間。註解也是所有一般程式設計語言共有的唯一功能，進行程式設計時，請使用最佳語言工作，有時候就是英文。

1　程式設計人應該知道的 97 件事（97 Things Every Programmer Should Know，歐萊禮出版）

請寫出
「淺顯易懂的程式碼」

Dave Farley

我們都聽說優秀的程式碼「淺顯易懂」，但實際上的意思是什麼？

淺顯易懂的首要原則是保持程式碼簡單，避免冗長的方法和函式，所以反而要將程式碼分成較小的部分，為它們的工作命名。

讓程式碼撰寫的工作標準自動化，以便於可以在部署管道中對程式碼進行測試。例如，如果你使用的方法超過 20 到 30 行程式碼，或者參數列表包含 5 或 6 個以上的參數，則可能會導致編譯失敗。

提高淺顯易懂的另一種方法是從字面上理解「可讀性」，不要將其闡述為「在撰寫程式碼五分鐘後，我還能懂這段程式碼嗎？」而是要嘗試撰寫出連非程式設計師也能理解的程式碼。

以下是一個簡單的函式：

```
void function(X x, String a, double b, double c) {
    double r = method1(a, b);
    x.function1(a, r);
}
```

這個函式有什麼作用？不論一個人是不是程式設計師，如果不研究 X 和 method1 的實作，都沒有辦法說出答案。

但如果我將程式碼改寫成以下這樣：

```
void displayPercentage(Display display, String message,
                       double value, double percentage) {
    double result = calculatePercentage(value, percentage);
    display.show(message, result);
}
```

很明顯發生了什麼變化，即使不是程式設計師也能從名字中猜測到程式碼裡發生了什麼。雖然有些東西仍然隱藏著——我們不知道顯示的運作或百分比的計算方式，但這是一件好事，我們還是可以了解這個程式碼正在嘗試執行的操作。

像這樣簡單的範例，這種修改看起來微不足道，無法討論，但是你在工作中有看到多少程式碼會像這樣？

請認真考慮命名並且結合簡單的重構技術，可以使你快速深入地了解程式碼中所發生的事。

以下是另外一個範例，來自一些真實環境的案例：

```
if (unlikely(!ci)) {
    // 361 行程式碼
} else {
    // 45 行程式碼
}
```

重點是 unlikely(!ci)，並且建立一個新方法 noConnection。

標出 if 陳述句底下的 361 行程式碼，並且將其命名為 createConnection，最後會得到：

```
if (noConnection(ci)) {
    ci = createConnection();
} else {
    // 45 行程式碼
}
```

聰明地命名事物，即使這表示要特別拉出一個函式，卻僅用於命名，這也能在程式碼中產生清晰度，否則在其他情況下會缺漏這些程式碼，通常會強調一個事實，就是存在大量的機會來簡化程式碼。在這個範例中，同一個檔案裡還有五個其他地方可以重複利用新的 createConnection 方法。我會更進一步，將 ci 重命名為 connection 或其他更適合的名稱。

由於我們提高了程式碼模組化的程度，因此這種方法還為我們提供了更多修改的選項。例如，我們現在可以決定在這個方法中隱藏更多的複雜性，並且簡單地使用連接，不論此處是否為首次建立：

```
ci = createConnection(ci);
// 45 行程式碼
```

請根據你要解決的問題背景簡化函式和方法，令所有名稱都具有意義：不管是函式、方法、變數、參數、常數、欄位，還是任何程式所使用的資料！

想像一下，當你們家非技術出身的爺爺或奶奶看到這段程式碼：他們能猜到程式碼在做什麼嗎？如果猜不出來，請透過重構讓程式碼更容易理解，選擇好懂的名稱讓程式碼更具表達性。

新生代與古生代資料的垃圾回收機制

María Arias de Reyna

Java 的主要優點之一是，開發人員不必擔心記憶體。與許多其他語言啟動時相反，Java 從一開始就自動釋放未使用的記憶體，但這不表示 Java 開發人員就不需要了解 Java 處理記憶體的基礎知識，仍然可能存在記憶體流失和瓶頸。

Java 將記憶體分為兩部分：

堆積記憶體（Heap）　　物件實體、變數等等，也就是你的資料
非堆積記憶體（Perm）　程式碼、詮釋資料等等 JVM 上的資料

關心 Java 中的記憶體，我們應該關注堆積記憶體。根據其壽命分為兩代：新生代與古生代。新生代（又名托兒所）包含生命短的物件，古生代包含存活時間更長的結構。

新生代分為兩個部分：

Eden　　　物件建立的地方
Survivor　介於兩者之間的邊緣狀態，從新生代移到古生代時實體通過的空間

垃圾回收器

垃圾收集器（garbage collector，GC）是清除記憶體的系統，有不同的實作方法，但通常會執行兩項任務：

少量回收　　檢視新生代
主要回收　　檢視所有記憶體，包括新生代與古生代

垃圾回收器與正常應用程式同時運行，每次執行都會在所有正在運行的執行緒中產生一個暫停（通常為毫秒）。在應用程式保持健康的同時，垃圾回收器通常會將其操作限制為少量回收，以免干擾應用程式。

垃圾回收器策略

為了正確操作和清理記憶體，我們應該使用較小的、生命短的物件，而不是生命較長的物件。臨時物件會保留在 Eden 中，因此垃圾回收器會更早、更快地刪除它們。

將未使用的物件儲存在記憶體中不會中斷應用程式的執行，但可能會影響硬體效能，還可能會減慢垃圾回收器的執行速度，因為它會在每次執行時一遍又一遍地處理它們。

強制垃圾回收器在執行時呼叫 `System.gc` 似乎是很誘人的做法，但是，這會強制進行主要回收，破壞啟發式方法，並且在回收持續期間停止應用程式。

引用

垃圾回收器釋放不再引用的實體，意味著如果你建立的實體具有引用第二個實體的屬性，則兩個實體將同時刪除或者從不刪除。交叉引用的實體越多，垃圾回收器的任務就越複雜而且容易出錯。將物件的屬性設為 null，打斷實體之間的連結，藉此幫助垃圾回收器。

所有靜態物件會永遠存在，這表示它們所有引用的屬性也都會永遠存在。

為了幫助垃圾回收器回收不需要的物件，有一些特殊類型的引用，可以在 `java.lang.ref` 中找到對應的類別：

弱引用　　清理時不會計算成引用數。例如，我們可以使用 WeakHashMap（*https://oreil.ly/6PGRj*），以 HashMap（*https://oreil.ly/B_6ss*）運作，但是使用弱引用。因此，如果 map 包含的物件只會在 map 裡使用，就可以將其刪除。

軟引用　　垃圾回收器會尊重連結並且移除實體，取決於記憶體需求。

虛引用　　永遠回傳 null，連結不會真的指向物件。在取得綁定它的物件之前，先清除實體。

請記住，垃圾回收器是你的朋友，它試圖使你的生活更輕鬆，你也可以簡化它的工作，作為你的回報。

作者群

Abraham Marin-Perez

Abraham Marin-Perez 不僅是 Java 程式設計師，同時還身兼顧問與作家，經常在公開場合演講，具有十年以上業界經驗的他，服務領域從金融業跨足到出版業和公部門。Abraham 從西班牙 Valencia 大學畢業，取得電腦科學學位後，搬到倫敦於 J.P. Morgan 就職，同時間還取得通訊科系的學士學位。在金融業工作了三年之後，他轉戰線上博弈業，然後在三年後成為獨立約聘工作者。有鑑於自己從倫敦程式設計社群獲得很大的幫助，Abraham 決定要回饋與分享自身經驗，於是成為軟體社群網站 InfoQ 的 Java 新聞編輯、在 Devoxx 或 CodeOne（née JavaOne）這類的研討會演講、撰寫書籍《*Real-World Maintainable Software*》（O'Reilly 出版），還跟其他人共同執筆《持續交付｜使用 Java》（Continuous Delivery in Java，O'Reilly 出版）一書。不斷學習的他目前正在修習物理學位，同時還協助經營倫敦 Java 社群，以及在創業社群 Meet 的指導群裡提供職涯建議。

◆ 程式碼修復師（第 28 頁）

Adam Bien

Adam Bien（部落格：*adambien.blog*）身兼開發者、顧問、作家、Podcast 節目主持人多職，同時也是 Java 語言的愛好者。從 JDK 1.0 版和 LiveScript 開始，他就一直使用 Java 和 JavaScript 這兩種語言，時至今日他依舊十分享受寫程式這件事。Adam 定期會在德國慕尼黑機場舉辦以 Java EE、網頁標準（WebStandard）和 JavaScript 為主題的研習會（*airhacks.com*），每個月會在 *airhacks.tv* 頻道主持一場線上直播秀，回答觀眾提出的問題。

◆ 遵循乏味無趣的標準（第 53 頁）

Alexey Soshin

Alexey Soshin 是具有 15 年業界經驗的軟體架構師，著有《*Hands-On Design Patterns with Kotlin*》（Packt Publishing 出版）一書，也是線上課程《*Web Development with Kotlin*》的作者。Alexey 對 Kotlin 和 Vert.x 語言相當熱衷，是一位具有豐富經驗的研討會講師。

♦ *CountDownLatch* 物件是朋友還是敵人？（第 32 頁）

A.Mahdy AbdelAziz

A.Mahdy AbdelAziz 目前是一位技術培訓師，經常在公開場合演講。他在軟體領域裡擁有 12 年以上的工作經驗，曾經任職於 Google、Oracle 和三家新創公司。A.Mahdy 過去也曾和其他人共同創立了一家新創公司 ExtraVerd，對漸進式網絡應用程式（PWA）、離線模式設計（offline-first design）、機器學習、雲端系統等現代技術很有興趣。你會發現，他如果不是在麥克風前侃侃而談或是坐在飛機裡，就是在打籃球。可以透過 Twitter 帳號（@__amahdy）或 GitHub 帳號（@amahdy）與他聯繫。

♦ 處理 *Java* 元件之間的事件關係（第 47 頁）

Anders Norås

Anders 原本是學藝術設計，後來卻投入 20 年的時間寫程式，目前是 Itera 這家公司的技術長。他在 JavaZone、NDC、J-Fall、Øredev 等研討會上參與過無數次的座談會和發表專題演講，在這一百多場的研討會裡，他所面對的聽眾遍及各個領域，包含媒體、設計和專業的電腦科學，以充滿活力和非常吸引人的簡報內容著稱。這是他第二次為《*97 件事*》系列書籍撰寫專題文章。

♦ 你只需要 *Java*（第 1 頁）

Angie Jones

Angie Jones 為資深開發人員，專長是自動測試策略和技巧。她透過各種方式分享自身所擁有的豐富知識，在全世界的軟體研討會演講和授課，在自己的部落格 *angiejones.tech* 上撰寫教學與技術類的文章，以及帶領

一個線上學習平台 Test Automation University。Angie 也是一位發明大師，以創新而且跳脫框架的思考風格聞名，至今已在美國和中國註冊 25 項以上的創新專利。閒暇之餘，她會到非營利組織 Black Girls Code 擔任義工，在程式研習營裡教年輕女孩寫程式，致力於吸引更多的婦女和少數族群學習科技。

♦ 在測試程式碼中使用物件導向原則（第 196 頁）

Ben Evans

Ben Evans 目前是軟體公司 New Relic 的首席工程師和架構師，專長為 JVM 技術。在 New Relic 任職之前，他和其他有志者共同創立了一家科技公司 jClarity（後為微軟所收購），也曾在金融業 Deutsche Bank 擔任首席架構師（負責交易所交易方面的衍生產品）。Ben 的著作有《*The Well-Grounded Java Developer*》（Manning Publications 出版）、《*Java: The Legend*》（O'Reilly 出版）、《*Optimizing Java*》（O'Reilly 出版）和最新出版的《*Java* 技術手冊》（Java in a Nutshell，O'Reilly 出版）。此外，他也為軟體社群網站 InfoQ 把關 Java／JVM 方面的文章、定期撰寫業界出版品，並且經常在全世界的技術研討會上演講。一直以來，Ben 持續推動自由與開放軟體，已經有超過 20 年以上的時間，他和 Martijn Verburg 共同創辦了 AdoptOpenJDK 專案，在 JCP 執行委員會服務了 6 年。

♦ *Java* 是 90 年代的孩子（第 84 頁）
♦ *Java* 之中難以說明的匿名型態（第 90 頁）

Benjamin Muschko

Benjamin Muschko 不僅是一名軟體工程師，還身兼顧問與培訓師，具有 15 年以上的業界經驗。他熱衷於研究專案自動化、測試和持續交付，經常在各大研討會上演講，是開放原始碼的狂熱支持者。Ben 覺得開發軟體專案有時就像爬山一樣，所以閒暇之餘，他熱愛爬遍美國 Colorado 州的 14 座山岳，享受征服長距離山脊步道的成就感。

♦ 「但是，它可以在我的機器上執行！」（第 23 頁）

Benjamin Muskalla

Benjamin Muskalla（Benny，*@bmuskalla*）過去 12 年來持續將他的熱情投注於發展一些能改善開發人員生產力的工具，並且長期在世界一流的整合開發環境 Eclipse 中位居活躍的程式提交者。多年來，他投入大量的時間開發工具、框架和測試方法，致力於協助他的同事們提高工作效率，不過，他更喜愛開發測試驅動開發和應用程式介面設計以及發展開放原始碼軟體。Benny 目前任職於軟體公司 Gradle Inc.，負責開發建置工具 Gradle。

◆ 重構有助於提高閱讀程式碼的速度（第 155 頁）

Billy Korando

Billy Korando 是一位相當擁護 IBM 的開發人員，具有十年以上的相關經驗。Billy 非常熱心，致力於尋找方法來幫助開發人員，期望藉由自動化和良好的管理實務做法，減少開發人員耗費心力在專案初始階段、部署、測試與驗證等等這類枯燥乏味的工作上。工作之餘，他喜歡旅行、踢足壘球，還有到球場為職業足球隊堪薩斯城酋長隊（Kansas City Chiefs）加油打氣。此外，他也是堪薩斯城 Java 使用者愛好會（Kansas City Java Users Group）的創辦人之一。

◆ 利用持續交付提升部署流程的重複性與稽核性（第 72 頁）

Brian Vermeer

Brian Vermeer 身兼開發人員與軟體工程師，他非常擁護 Snyk 資安平台，在開發與管理軟體方面有超過十年以上的實務經驗，對 Java、（純）函式語言程式設計和網路安全非常熱衷。Brian 目前擔任 Oracle 創新大使（Oracle Groundbreaker Ambassador）、Java 社群 —— Virtual JUG 的主辦人、Utrecht JUG 的共同領導者以及資安社群 MyDevSecOps 的共同領導者，並且定期在國際研討會上演講，大部分都和 Java 相關，例如，JavaOne、Devoxx、Devnexus、Jfokus、JavaZone 等等更多的研討會。此外，Brian 本身還是荷蘭皇家空軍的後備軍人、跆拳道大師 / 教練。

◆ 妥善管理相依性（第 162 頁）

Burk Hufnagel

Burk Hufnagel 目前任職於顧問公司 Daugherty Business Solutions，身兼程式設計師與解決方案架構師的他致力於找出各種方法，以期能更快交付品質更好的程式碼，並且協助他人也能達到相同的效益。此外，他也擔任 Atlanta JUG 社群的董事，協助 Devnexus 研討會的營運工作，在 JUG 社群會議和各種技術研討會上發表他的想法，包括 Connect.Tech、Devnexus、JavaOne、Oracle Code One 等各大研討會都可以看到他的身影，Burk 曾於 2010 年榮膺 JavaOne Rock Star 大獎。他還以作家身分貢獻了多本著作，有《*97 Things Every Software Architect Should Know*》（O'Reilly 出版）、《*程式設計人應該知道的 97 件事*》（97 Things Every Programmer Should Know，O'Reilly 出版），也為多本書籍擔任技術審查員，包括《*深入淺出軟體開發*》（Head First Software Development，O'Reilly 出版）、Kathy Sierra 和 Bert Bates 合著的《*Sun Certified Programmer for Java Study Guide*》（McGraw-Hill），還因此收到意外的怨言：「Burk 修正的程式碼比我們承認的還多」。

♦ 提高軟體交付的速度與品質（第 36 頁）

Carlos Obregón

Carlos Obregón 從 2008 年以來就一直在軟體開發界裡工作。由於他原本就很熱衷於分享知識，便加入了 Bogotá 地區的 JUG 社群（現已改名為 Bogotá JVM），主要講述 Java 語言的最佳實務做法。平時除了開發軟體之外，他還會協辦一些與網頁開發主題有關的程式研習營。Carlos 最初是從 C++ 開始學起，但是在大學畢業之前，他找到了人生的真愛──Java，數年後，他也曾經嘗試其他 JVM 語言，但沒有一個語言能像 Java 那樣帶給他如此多的樂趣。不寫程式的時候，他還喜歡花時間和家人、朋友一起玩桌遊和遊樂器遊戲，嘗試每個月至少看一本書，主要是技術方面的書籍，但也會涉獵文學類的作品。對 Carlos 來說，人生最重要的就是他的妻子 Lina、女兒 Mariajosé 和愛犬 Evie。

♦ 避免使用 *null*（第 67 頁）

Chris O'Dell

Chris O'Dell 有將近 15 年的時間都在從事後端工程師的工作，主要是使用微軟的技術，但近年來也在大型微服務平台上使用 Go 語言。她帶領團隊持續提供網頁 API、分散式系統和雲端服務，也帶領過團隊開發內部使用的編譯與部署工具，目的是改善開發人員的體驗。Chris 目前任職於 Monzo 銀行，協助建置銀行未來的發展。她定期會在研討會演講，主要針對持續交付和開發實務方面的主題，其所貢獻的著作有《*Build Quality In*》（Leanpub 出版），共同著作則有《*Continuous Delivery with Windows and .NET*》（O'Reilly 出版）。

♦ 提高發布的頻率可以降低風險（第 55 頁）

Christin Gorman

Christin Gorman 撰寫專業軟體已經有長達 20 年的時間，期間從新創公司到大企業，累積了各方面的經驗，一直位居第一線的程式工作。她最有名的地方是在公開場合演講展現她的熱情，以及在部落格上撰寫跟軟體有關的文章，其共通的基本主題就是強調開發人員參與自己所開發的軟體的重要性。她認為開發人員悲慘的地方是未獲得重用——只能從其他人建立的董事會裡挑選孤立的工作任務、無法選擇自己撰寫程式的風格、語言和框架，而且永遠沒有機會接觸到軟體使用者，於是，她非常熱心地協助開發人員有更多參與的機會、釋放他們的潛能，促使他們關心工作的每個面向，這不僅能讓開發人員從工作中獲得更多樂趣，更重要的是讓他們開發出更有用的產品。Christin 目前任職於挪威的一家顧問公司 Kodemaker。

♦ 你知道現在幾點嗎？（第 38 頁）

Colin Vipurs

Colin Vipurs 才剛慶祝開發人員生涯邁入第 21 個年頭，他一直在英國各地生活，曾經在金融、新聞、音樂和航空業工作過，目前任職於 Masabi，為公共交通運輸公司開發服務。回到過去，他曾經有一段時間大量使用 C / Perl，然後轉移到 Java，也涉獵過一點 Scala，現在則是幾乎一整天都在使用 Kotlin。Colin 曾寫過一本書，當他有閒情逸致彙整一些資料時，就會到各地的研討會去演講，他非常熱愛 TDD / BDD、開發可擴展規模且高效能的系統，還有食物。

♦ 為什麼我認為 *Java* 認證沒有價值（第 203 頁）

Daniel Bryant

Daniel Bryant 目前任職於 Datawire，擔任產品架構師，同時也是軟體社群網站 InfoQ 的新聞管理者和 QCon 研討會倫敦場的主席，現在的技術專長專注於「DevOps」工具化、雲端 / 容器平台以及微服務應用。Daniel 為 Java Champion 成員之一，擔任倫敦 Java 社群（London Java Community，LJC）的領導者，此外，他也為數個開放原始碼專案貢獻他的專業，為知名技術網站寫作，像是 InfoQ、O'Reilly 和 DZone，並且定期於 QCon、JavaOne 和 Devoxx 等國際研討會發表。

♦ 程式碼結構品質程式化與驗證的優點（第 14 頁）
♦ 反對過大的 *JAR* 的檔案（第 26 頁）

Daniel Hinojosa

Daniel Hinojosa 身兼程式設計師、顧問、指導者、演講者和作家數職，他為私人公司、教育機構和政府研究中心工作，已經有超過 20 年以上的經驗。Daniel 熱愛 JVM 語言，像 Java、Groovy 和 Scala，但也會使用非 JVM 語言工作，例如，Haskell、Ruby、Python、LISP、C 和 C++。他是一名狂熱的番茄鐘工作法實踐者，每年都會盡一切努力去學習一項新的程式語言。Daniel 的著作有《*Testing in Scala*》（O'Reilly 出版），他也為 O'Reilly Media 平台製作《*Beginning Scala Programming*》一系列的影片。閒暇之餘，他享受閱讀、游泳、樂高、美式足球和烹飪時光。

♦ 認識 *flatMap* 方法（第 98 頁）

Dave Farley

Dave Farley 是持續交付領域的思想先驅，和其他作者共同著有 Jolt Award 獲獎系列書籍《*Continuous Delivery* 中文版：利用自動化的建置、測試與部署完美創造出可信賴的軟體發佈》（Continuous Delivery，Addison-Wesley 出版）一書，並且定期於研討會演講、撰寫部落格文章，他也是響應式系統宣言（Reactive Manifesto）的作者之一、行為驅動開發（BDD）思維背後的貢獻者。Dave 一直都很享受電腦帶給他的樂趣，算算時間也超過 35 年了，幾乎所有類型的工作他都碰過，有軟體、韌體、商業應用和低延遲交易系統，30 年前的他從大型分散式系統開始做起，進而研究低耦合、訊息系統（微服務的先驅者）的開發。Dave 曾是 IT 諮詢公司 ThoughtWorks 的前總監、LMAX Ltd. 軟體開發部門的主管（LMAX Ltd. 的主業是營運支持系統，以優秀的程式碼和值得其他公司仿效的開發過程聞名），目前則是獨立顧問和 Continuous Delivery Ltd. 的創辦人兼總監。

- ◆ 請認真推行「關注點分離」原則（第 164 頁）
- ◆ 測試驅動開發（第 168 頁）
- ◆ 請寫出「淺顯易懂的程式碼」（第 207 頁）

David Delabassee

David Delabassee 參與 Java 生態圈的活動已經有超過 20 年以上的時間，可以說他每天吸的空氣都是 Java！David 目前在 Oracle 的 Java Platform Group 擔任開發者大使，過去幾年也在研討會和使用者社群演講，經常為了推動 Java 走遍世界。他寫過無數篇技術文章和培訓資訊，偶而也為網站 delabassee.com 撰寫部落格文章。空閒之餘，他積極參與多個非營利組織的活動，主要是改善殘疾人士的權利，積極推動無障礙設施。David 現居比利時，平時喜歡和可愛（卻挑戰要打敗他）的女兒 Lylou 玩遊樂器遊戲。

- ◆ 請特別注意容器周遭的環境（第 7 頁）

Dawn Griffiths、David Griffiths

Dawn Griffiths、David Griffiths 共同著有《深入淺出 Kotlin》（Head First Kotlin，O'Reilly 出版）、《深入淺出 Android 開發》（Head First Android Development，O'Reilly 出版）和其他多本深入淺出系列書籍（Head First series），並且開發動畫影片課程《The Agile Sketchpad》，藉由保持大腦活躍和參與的方式，教授關鍵概念和技術。

♦ 談協同程序的運用思維（第 174 頁）

Dean Wampler

Dean Wampler（@deanwampler）是串流系統方面的專家，專攻機器學習與人工智慧，目前是 Anyscale.io 的開發者關係部門的總監，負責開發 Python 語言使用的分散式框架 Ray。在此之前，他是 Lightbend 工程部門的副總，帶領團隊開發 Lightbend Cloudflow，這是一套支援串流資料應用的整合系統，搭載熱門的開放原始碼工具。Dean 為 O'Reilly 出版社寫過幾本書，也為數個開放原始碼專案貢獻他的專業能力。他經常在各大研討會演講、擔任指導老師，也是美國芝加哥當地數個研討會和使用者社群的共同創辦人之一。Dean 畢業自 Washington 大學，擁有物理學博士學位。

♦ 擁抱 SQL 思維（第 45 頁）

Donald Raab

Donald Raab 在金融服務業擔任軟體工程師，已經有超過 18 年以上的經驗。他從 1997 年開始寫 Java 程式，多年來，已經用 20 種以上的程式語言進行程式設計。他是 JSR 335 Expert Group 的成員之一，也是 Eclipse Collections Java Library 的創造者（這套函式庫最初在 2012 年是以開放原始碼專案 GS Collections 建置，後於 2015 年轉移到 Eclipse 基金會底下）。Donald 曾獲選為 2018 年的 Java Champion 成員，並且經常於 Java 領域的主要研討會、使用者社群聚會擔任講者和客座講師，包含 Oracle CodeOne、JavaOne、QCon New York、Devnexus、Devoxx US、EclipseCon、JVM Language Summit 和 Great Indian Developer Summit（GIDS）。

♦ 學習建立程式套路，教學相長（第 108 頁）

Edson Yanaga

Edson Yanaga 目前是 Red Hat 開發者體驗部門的主管，也是 Java Champion 和 Microsoft MVP 的成員之一。他出版過書籍，經常於國際研討會演講，討論 Java、微服務、雲端計算、DevOps 和軟體工藝。Yanaga 把自己當作是軟體工藝師，深信我們每個人都可以利用更好的軟體，為人類創造更好的世界。他自許人生的目的是提供協助予全世界的開發人員，讓他們能更快且更安全地提供品質更好的軟體，他甚至稱這是一份工作！

♦ 為引起的問題很「簡單」，困難的是由狀態引起的問題（第 9 頁）

Emily Bache

Emily Bache 任職於 ProAgile，擔任敏捷開發領域的技術教練，她幫助團隊改善共同撰寫程式的方法，以及教授測試驅動開發。Emily 現居瑞典的 Gothenburg，但來自英國，她自費出版過《*The Coding Dojo Handbook*》一書，而且經常於國際研討會演講。

♦ 認定測試（第 3 頁）
♦ 利用覆蓋率改善單元測試（第 189 頁）

Emily Jiang

Emily Jiang 為 Java Champion 的成員之一（*https:// oreilly/HheKg*），她也是提倡在 Liberty 伺服器上建置微服務架構的擁護者，目前是 IBM 的資深技術專員，基本上都待在英國的 Hursley 實驗室。Emily 是 MicroProfile 大師，從 2016 年開始就持續鑽研 MicroProfile，帶領 MicroProfile Config、Fault Tolerance 和 Service Mesh 的規格發展。此外，Emily 還是 CDI Expert Group 的成員，對 Java、MicroProfile 和 Jakarta EE 充滿熱情，經常於各大研討會演講，像是 QCon、Code One、Devoxx、Devnexus、JAX、Voxxed、EclipseCon、GeeCON、JFokus 等等，讀者可以透過她的 Twitter 帳號（*@emilyfhjiang*）和 LinkedIn 帳號（*http://www.linkedin.com/in/emily-jiang-60803812*）與她聯繫。

♦ 讓程式碼簡潔又好懂（第 120 頁）

Gail C. Anderson

Gail C. Anderson 獲選為 Java Champion 的成員、Oracle 創新大使，過去也曾經是 NetBeans Dream Team 的成員，目前任職於 Anderson Software Group，擔任研究部門的主管，同時也是該公司的創辦成員之一，這家公司是培訓課程業界的領導品牌，提供 Java、JavaFX、Python、Go、現代 C++ 等等其他程式語言課程。Gail 喜歡研究與撰寫跟 Java 先進技術有關的文章，目前熱衷的研究項目包括針對跨平台行動應用，結合 JavaFX 與 GraalVM 的運用。她和其他作者合著過八本軟體程式設計方面的教科書，前一陣子才剛貢獻了一本新作《*The Definitive Guide to Modern Java Clients with JavaFX: Cross-Platform Mobile and Cloud Development*》（Apress 出版）。Gail 持續在全球各地的 Java 研討會和 JUGS 發表演說，包含 Devoxx、Devnexus、JCrete 和 Oracle Code / JavaOne。讀者可透過她的 Twitter 帳號（*@gail_asgteach*）和公司官網（*asgteach.com*）與她聯繫。

♦ 學習使用 *Java* 新特性（第 113 頁）

Dr. Gail Ollis

Dr. Gail Ollis 自從當年在學校的數學儲藏室裡，使用一台電腦學習 BASIC 語言後，便一頭栽進程式設計的世界裡。在這之後，她學習了許多程式語言，職涯發展從專業軟體開發、研究擴展到軟體開發心理學，還對大學生和研究生開班授課，講述程式設計和網路心理學。這股持續貫穿她的力量就是熱情，不管是在電腦科學從事指導工作、培訓職涯發展初期的開發人員，還是進行產業相關的學術研究，她都想幫助橫跨不同經驗範圍的人們都能提升程式設計的能力，並且為專業軟體開發提供網路安全方面的實務支持。

♦ 別讓整合開發環境掩蓋必備的開發工具（第 40 頁）

Heather VanCura

Heather VanCura 為 JCP 計畫的總監兼主席，負責領導整個社群，同時也是國際講者、心靈導師和 Hack Days 活動的領導者。VanCura 的工作內容是監督 JCP 執行委員會、*JCP.org* 網站的運作、管理 JSR、建立社群、活動、社群間的交流以及會員人數的成長，她還為社群導向使用者團體採用計畫貢獻力量，同時也是這個計畫的負責人。此外，她也負責帶領 JSR 規格的制定方向，這是 JCP.Next 努力的一部分，目的是推動 JCP 計畫本身的發展。她目前居住在美國加州的舊金山灣區，對 Java 和開發者社群充滿熱情，閒暇之餘喜歡嘗試新的運動和健身活動。讀者可以透過 Twitter 帳號（*@heathervc*）與她聯繫。

♦ 何謂 *Java* 社群參與流程計畫及其參與方式（第 201 頁）

Dr. Heinz M. Kabutz

Dr. Heinz M. Kabutz 為網站 Java Specialists 撰寫電子報，內容詼諧有趣又實用，有興趣的讀者可以前往網站 *javaspecialists.eu* 訂閱，也可以透過電子郵件與他聯繫（*heinz@javaspecialists.eu*）。

♦ 建議你每日研讀 OpenJDK 的原始碼（第 145 頁）

Holly Cummins

Holly Cummins 任職於 IBM，負責領導 IBM Garage 底下的開發者社群。身為 IBM Garage 的一份子，Holly 利用技術為橫跨不同產業的客戶帶來創新，從銀行業、餐飲業、零售業到非營利組織都有她的身影。她帶領過的專案有：利用 AI 計算魚的數量、幫助盲人運動員獨自在沙漠中跑完超級馬拉松、改善年長者的健康照護以及改變都會區停車場的運作方式。Holly 也獲選為 Oracle Java Champion 成員、IBM Q 大使以及榮膺 JavaOne Rock Star 大獎。進入 IBM Garage 部門之前，她是 WebSphere Liberty Profile（現已改名為 Open Liberty）的負責人。Holly 和其他作者共同著有《*Enterprise OSGi in Action*》（Manning 出版），現在依舊十分樂意解釋 OSGi 為什麼很棒的原因。加入 IBM 之前，Holly 以量子計算拿到博士學位，她經常帶著羊毛圍巾，至今沒有弄丟過任何一條，可是，她卻常常弄丟冬天外套（冷）。

♦ 垃圾回收機制是你的好朋友（第 61 頁）
♦ *Java* 應該讓每個人都覺得有趣（第 88 頁）

Ian F. Darwin

Ian F. Darwin 已經在電腦領域裡工作了很長的時間，幾乎每一種不同規模大小、型態和作業系統環境的系統他都碰過，使用多種程式語言撰寫程式，包括 Java、Python、Dart / Flutter 和 Shell 腳本，並且長期為開放原始碼專案 OpenBSD、Linux 和其他專案做出貢獻。他曾經在加拿大 Toronto 大學的健康網絡工作，為他們開發出一款救生 APP——mHealth 的第一個 Android 版本。Ian 最有名的著作是《*Java Cookbook*》（O'Reilly 出版）和《*Android 錦囊妙計*》（Android Cookbook，O'Reilly 出版），為技術培訓公司 Learning Tree 撰寫、教授 Unix 和 Java 課程，也在加拿大 Toronto 大學教 Unix 和 C 語言課程。此外，他還撰寫旅行、電動車、中世紀文學和那些在海邊絆倒他「特別漂亮的石頭或貝殼」的文章。讀者可透過網站 *darwinsys.com* 和 Twitter 帳號（*@Ian_Darwin*）與他聯繫。

♦ 多方學習不同於 *Java* 的思維（第 172 頁）

Ixchel Ruiz

Ixchel Ruiz 從 2000 年開始投入軟體應用程式與工具的開發工作，研究興趣包含 Java、動態程式語言、客戶端技術和測試。她目前是 Java Champion 成員、Oracle 創新大使、Hackergarten 愛好者、開放原始碼的擁護者、JUG 領導者、公開演說家和心靈導師。

♦ 建立多元化的團隊（第 19 頁）

James Elliot

James Elliott 目前任職於美國 Wisconsin 州 Madison 市的一家軟體公司 Singlewire，擔任資深軟體工程師，是一名具有 30 年專業經驗的系統開發人員。他熱愛從 6502 組合語言到 Java 的一切程式語言，很高興發現自己現在喜歡以 Clojure 語言工作，不論是在平日的工作上還是開發他自己的副業——開放原始碼專案 Deep Symmetry 時都是如此。James 偶而會從事 DJ 的工作，和他的夥伴 Chris 一起製作電子音樂節目。他為 O'Reilly 出版社撰寫和與他人合著過數本書籍，喜歡在日新月異（然而從根本上來說卻是永恆）的軟體界裡指導新一代的開發人員。

♦ 利用 *AsciiDoc* 強化 *Javadoc*（第 5 頁）
♦ 透過 *Clojure* 語言重新認識 *JVM*（第 151 頁）

Jannah Patchay

Jannah Patchay 是金融市場業界公認的主題專家和顧問，專長是研究金融市場創新以及協助企業在高度管制的環境下定義、發展和執行商業策略。她特別熱衷於投入市場結構——金融市場的參與者、這些參與者之間的互動方式和他們互動之後所產生的結果，以及針對進入流動性市場的挑戰找尋創新解決方案，涵蓋傳統金融市場與資產和新興領域的數位資產市場。Jannah 還是倫敦區塊鏈基金會（London Blockchain Foundation）的董事兼常任大使，為雜誌《Best Execution》撰寫各類和金融、技術創新有關的文章。她擁有 Cape Town 大學的數學與電腦科學學士學位和 Liverpool 大學的國際銀行與財務法學碩士學位。

♦ 真正優秀的開發人員會具備三項特質（第 178 頁）

Jeanne Boyarsky

Jeanne Boyarsky 現居美國紐約市，為 Java Champion 成員，寫過五本 Java 認證方面的書籍，從事 Java 開發工作已經有 17 年的時間。Jeanne 在網站 *coderanch.com* 和一個 FRC 機器人團隊裡擔任志工，定期在研討會演講，還獲選為 Toastmaster 社群的傑出會員，發表超過 50 場以上的演說。

♦ 將問題和任務折解成小的工作區塊（第 17 頁）
♦ 我完成了，可是……（第 80 頁）
♦ 學習 Java 慣用寫法並且儲存在大腦的快取記憶體裡（第 106 頁）

Jenn Strater

Jenn Strater 長期擔任 Groovy 社群的成員和 Groovy Community slack 的管理者，為各種開放原始碼專案做出貢獻，有 CodeNarc、Gradle、Groovy 和 Spring REST Docs。她經常在研討會的活動中演講，例如，Devoxx Belgium、the Grace Hopper Celebration of Women in Computing、Spring One Platform 和 O'Reilly Velocity Conference 都可以看到她的身影。Jenn 於 2013 年創辦了 GR8Ladies（現已更名為 GR8DI）這個組織，指導年輕學子和剛入門的開發人員。她畢業自美國

紐約州 Clinton 郡的 Hamilton 大學，並且於 2016 到 2017 年獲得 Fulbright Grants 獎學金，目前居住在 Twin Cities。

- ◆ 編譯過程不需要漫長等待和不可靠性（第 21 頁）
- ◆ 只要編譯有改變的部分，其餘不變的部分則重複利用（第 132 頁）
- ◆ 開放原始碼專案沒那麼神（第 134 頁）

Jennifer Reif

Jennifer Reif 是一名狂熱的開發人員與問題解決家，她為開發者社群和大型企業貢獻心力，幫助他們組織與理解大量的資料資產，以及如何利用這些資產來獲取最大的價值。在工作上，她一直都使用各種商業和開放原始碼工具，喜歡學習新技術，有時甚至每天都在做這些事！學習和寫程式是她日常生活的一部份，而且樂意與他人分享她所創造的內容，通常是在研討會和開發者面向的活動上演講與撰寫文章。Jennifer 非常熱衷於尋找各種方法，希望能將混亂組織化並且提高軟體交付的效率，其他愛好則有她的愛貓、家族旅行、健行、閱讀、烘焙和騎馬。

- ◆ *Java* 為何能在程式語言戰爭中佔有一席之地（第 74 頁）

Jessica Kerr

Jessica Kerr 認為自己是程式碼媒介中的共同學習者，她深信學習系統是由人們的熱情和不斷進化的軟體所組成。從事專業軟體開發 20 年來，她涉獵過的程式語言從 Java、Scala 進化到 Clojure，從 Ruby 進化到 Elixir 和 Elm，又從 Bash 進化到 TypeScript 和 PowerShell。在擔任研討會的主講人和演講者那幾年，她都會談到這些經驗，以及深入探討軟體開發的工作。Jessica 從應變彈性工程（resilience engineering）、系統思維和藝術方面中發現靈感，喜歡幫助開發人員將工作中乏味無聊的部分自動化，利用剩餘時間表達更多創意。讀者可以從 Twitter 帳號（*@jessitron*）了解她在學習什麼，從 Twitch 帳號（jessitronica）觀看她撰寫程式的實況，也能從部落格（*blog.jessitron.com*）閱讀她所撰寫的文章，她目前在美國密蘇里州 St. Louis 市的家中養育兩名難以預測的新人。

- ◆ 從解決難題到開發產品（第 57 頁）

Josh Long

Josh Long（@*starbuxman*）是一名擁有數十年程式經驗的工程師，他是第一位獲選為 Spring Developer Advocate 的人，也是 Java Champion 成員。他的著作有《*Cloud Native Java: Designing Resilient Systems with Spring Boot, Spring Cloud, and Cloud Foundry*》（O'Reilly 出版）和自費出版的《*Reactive Spring*》，此外，他也製作了無數暢銷的培訓影片，包括和 Spring Boot、Phil Webb 共同合作的《*Building Microservices with Spring Boot Livelessons*》。Josh 經常在全球各大洲（南極洲除外）的數百個城市出席研討會並且演講，他熱愛寫程式，是幾個開放原始碼專案的貢獻者（Spring Framework、Spring Boot、Spring Integration、Spring Cloud、Activiti、Vaadin、MyBatis 等等），也主持 Podcast 節目 *A Bootiful Podcast*，擁有自己的 YouTube 頻道（*Spring Tips*，*http://bit.ly/spring-tips-playlist*）。

♦ 生產環境是地球上最快樂的地方（第 141 頁）

Ken Kousen

Ken Kousen 為 Java Champion 成員、Oracle Groundbreaker 大使，獲選榮膺 Java Rock Star 大獎和 Grails Rock Star 大獎。他的著作有《*Kotlin Cookbook*》（O'Reilly 出版）、《現代 *Java*》（Modern Java Recipes，O'Reilly 出版）、《*Gradle Recipes for Android*》（O'Reilly 出版）、《*Making Java Groovy*》（Manning 出版），並且為 O'Reilly 學習平台製作過數個課程影片。他定期會在 No Fluff Just Stuff 研討會巡迴演講，也經常在世界各大研討會上演說，已經有數千名學生和業界專業人士透過他開設的公司 Kousen IT, Inc.，學習軟體開發。

♦ 讓你的 Java 程式 Groovy 化（第 122 頁）

Kenny Bastani

Kenny Bastani 是一名熱情的技術傳播者和美國矽谷的開放原始碼軟體擁護者，身為企業軟體顧問的他應用了在敏捷模式下，全端網頁開發人員開發專業所需的各種技能。Kenny 也熱衷於寫部落格以及為開放原始碼貢獻心力，熱情參與開發者社群，幫助開發人員尋找方法，利用嶄新圖形處理技術來分析資料。

♦ 權衡微服務之利弊（第 180 頁）

Kevin Wittek

Kevin Wittek 是 Testcontainer 框架的作者兼共同維護者，對 FLOSS、Linux 充滿熱情，他因為對開放原始碼社群的貢獻而獲選為 Oracle Groundbreaker 大使。Kevin 自認是軟體工藝師和測試粉絲，因為 Spock 而愛上測試驅動開發（TDD），他深信極限開發（Extreme Programming）是敏捷方法論中最棒的一種，喜歡撰寫 MATLAB 程式幫忙他的妻子，利用鴿子進行行為科學方面的實驗。Kevin 會彈電吉他，認為音樂家是他的第二人生。在業界擔任多年的工程師之後，他目前在 RWTH Aachen 大學攻讀博士學位，研究智能合約驗證方面的主題，同時也在 Westphalian University of Applied Sciences 大學附屬的 Gelsenkirchen 網路安全機構帶領區塊鍊研究實驗室。

♦ 開啟容器化整合測試潛藏的力量（第 184 頁）

Kevlin Henney

Kevlin Henney（@*KevlinHenney*）同時身兼獨立顧問、培訓師、程式人員和作家數職，他在開發方面的興趣有程式設計、程式語言、開發實務，以及幫助個人、團隊和組織在這些方面獲得更好的效益，他深愛程式設計和程式語言，很開心自己在這個專業上已經工作超過 30 個年頭。Kevlin 在全球各地數百個研討會和聚會上，發表主題演講、進行教學和舉辦研習會，擔任過各種雜誌、期刊和網站的專欄作家，為各種開放與封閉原始碼軟體貢獻心力，還成為更多可能不健康的團體、組織和委員會的成員（有傳言說「委員會是一條死路，他們的想法就是先把你引誘進來，然後悄悄地扼殺掉你」）。他和其他作者合著《*A Pattern Language for Distributed Computing*》（Wiley 出版）、《*On Patterns and Pattern Languages*》（Wiley 出版），撰寫《*Pattern-Oriented Software Architecture*》系列書籍（Wiley 出版）中的兩本，以及擔任《程式設計人應該知道的 97 件事》（97 Things Every Programmer Should Know，O'Reilly 出版）一書的編輯。

♦ 請為時間函式作適當的命名（第 128 頁）
♦ 寫出有效的單元測試程式（第 143 頁）
♦ 非受檢例外（第 182 頁）

Kirk Pepperdine

Kirk Pepperdine 在 Java 應用程式效能校調的工作上，已經有 20 年以上的經驗，他是 Java Performance Tuning Workshop 原先的作者，因其在 Java 效能領域的思維領導力，而於 2006 年獲選為 Java Champion 成員。他經常在使用者團體和研討會上演講，多次榮膺 JavaOne Rock Star 大獎。Kirk 是 Java 社群的狂熱支持者，和其他人共同創立了 JCrete，這是一個非正式的 Java 研討會，長久以來已經成為歐洲、亞洲和北美洲各地非正式研討會的範本。Kirk 創立的新創公司 jClarity 已於 2019 年被微軟收購，目前應聘為該家公司的首席工程師。

◆ 嘿，*Fred*。你能把 *HashMap* 遞給我嗎？（第 65 頁）

Liz Keogh

Liz Keogh 現居倫敦，為專精於精實與敏捷領域的顧問，同時也是知名部落客、國際講者、BDD 社群的核心成員和 Cynefin 框架及其改變思維能力的熱情擁護者。她擁有強大的技術背景，在創造價值和指導他人交付軟體方面具有 20 年的經驗，合作過的對象從小型新創公司到跨國企業都有。目前大部分的工作都是專注在精實、敏捷和組織變革上，以及利用透明性、積極語言、標準格式的結果和安全型失敗的實驗方式，促使變革具有創新性、簡易性和有趣性。

◆ 回饋循環（第 49 頁）

Maciej Walkowiak

Maciej Walkowiak 是獨立開業的軟體顧問，協助公司做出架構方面的決策，以及主要以 Spring 堆疊為基礎的系統設計與開發。Maciej 身為 Spring 社群的積極成員，長期以來為數個 Spring 專案貢獻心力，近年來則對教學和分享知識有越來越多的熱情。Maciej 目前經營了一個 YouTube 頻道（Spring Academy）、在研討會演講，並且投注非常多的時間在 Twitter 上。

◆ 「全端開發人員」是一種心態（第 59 頁）

Mala Gupta

Mala Gupta 是軟體開發公司 JetBrains 的開發者大使,她創辦了 *eJavaGuru.com*,也是該公司的首席指導老師,負責培訓有志考取 Java 證照的人獲得成功。身為 Java Champion 成員的她透過 Java 方面的書籍、課程、講座和演講活動,在各個平台上推動 Java 技術的學習和使用,而且堅信所有人都享有公平的責任和機會。Mala 在軟體業擁有 19 年以上的經驗,她是作家、演講者、心靈導師、顧問、技術領導者,也是開發人員。她和 Manning 出版社共同合作的 Java 主題書籍,在全球的 Oracle 認證都拿到最高的評價。Mala 經常在業界研討會演講,為印度 Delhi Chapter 地區 Java User Group 的領導者之一,她強力支持科技領域的女性,推動「Women Who Code, Delhi Chapter」措施,以期提高女性在科技業的參與程度。

♦ *Java* 認證:技術試金石(第 82 頁)

Marco Beelen

Marco Beelen 自認為軟體工藝師,熱衷於打造維護性高且易於閱讀的程式碼,自 2005 年以來便一直從事軟體開發人員的工作。在此之前,他擔任過系統管理員,這份工作灌輸他一個重要的觀念──軟體系統的能見度。Marco 主持過各種程式禪修會(Code Retreat)和聚會,包含測試驅動開發迷你系列。他目前已婚,是兩個孩子的爸爸。談到技術自產自銷的想法時,他偏好「喝自家香檳」(Drink your own champagne)這樣的說法,不太喜歡用「吃自家狗食」(Eat your own dog food)來形容(尤其是他真的很喜歡喝香檳),讀者可以透過線上(*@mcbeelen*)與他聯繫。

♦ 按照功能所設定的預設存取修飾字來封裝類別(第 139 頁)

María Arias de Reyna

María Arias de Reyna 是資深 Java 軟體工程師、地理空間的愛好者，也是開放原始碼的擁護者，她從 2004 年以來，就一直是多個免費和開放原始碼專案的社群負責人和核心維護者。María 目前任職於 Red Hat，專注於研發中介軟體和維護 Apache Camel 和 Syndesis，是經驗豐富的主講人和演講者，並且於 2017 年到 2019 年間當選開放原始碼地理空間基金會（Open Source Geospatial Foundation，OSGeo）的主席，作為許多與地理空間高度相關軟體的保護傘。她還是女權主義者和技術女性運動家。

- ♦ 新生代與古生代資料的垃圾回收機制（第 210 頁）

Mario Fusco

Mario Fusco 任職於 Red Hat，擔任首席軟體工程師，負責帶領 Drools 專案。他是一名具有豐富經驗的 Java 開發人員，長期以來參與過許多企業級的專案（而且經常位居領導地位），合作對象遍及數個業界，從媒體公司到金融領域都有，對函式語言程式設計和領域特定語言（Domain-Specific Language）很有興趣，藉由對這兩個領域的熱情，他創造出開放原始碼函式庫 lambda，目的是提供一個內部 Java DSL，用於處理集合並且允許 Java 進行一些函式語言程式設計。他還是 Java Champion 成員、Milano 地區 JUG 的統籌人，和其他作者共同著有《Modern Java in Action》系列書籍（Manning 出版）。

- ♦ Java 虛擬機器上的並行性（第 30 頁）
- ♦ 讓我們立下約定：Java API 的設計藝術（第 118 頁）

Marit van Dijk

Marit van Dijk 在軟體開發領域擁有將近 20 年的經驗，任職過多家不同的公司，擔任過各種不同的職務。她熱愛與令人驚異的人們一起開發傑出的軟體，是開放原始碼專案 Cucumber 的核心貢獻者之一，但而也為其他專案貢獻心力。Marit 喜歡學習新事物，也喜歡分享程式設計、測試自動化、Cucumber / BDD 和軟體工程方面的知識。此外，她還會在國際研討會、網路研討會和 Podcast 上演講，在部落格（*medium.com/@mlvandijk*）撰寫文章，目前任職於 *bol.com*，擔任軟體工程師。

- ♦ 利用測試提高交付軟體的品質與速度（第 194 頁）

Mark Richards

Mark Richards 是一名經驗豐富、親力親為的軟體架構師，涉獵的範圍有微服務架構、事件驅動架構和分散式系統的架構設計和實作，他從 1983 年起便一直在軟體業裡，擁有電腦科學碩士學位。Mark 創辦了網站 *DeveloperToArchitect.com*，提供免費的資訊，協助開發人員邁向軟體架構師的旅程。他也是一名作家和研討會講者，曾經在全球數百個研討會上發表演說，並且撰寫和製作無數以微服務、軟體架構為主題的書籍和影片，包含他的最新力作《*Fundamentals of Software Architecture*》（O'Reilly 出版）

♦ 廣泛利用自定義的 *@ID* 註解型別（第 191 頁）

Michael Hunger

Michael Hunger 對軟體開發充滿熱情，已經持續了 35 年以上的時間，其中有 25 年的時間是在 Java 生態系裡。過去十年，他一直致力於研究開放原始碼 Neo4j 圖形資料庫，擔任過許多職務，最近則是帶領 Neo4j 實驗室。Michael 身為 Neo4j 社群和生態系統的管理者，特別熱愛與圖形相關專案、使用者和貢獻者合作；作為一名開發人員，他喜歡程式設計語言的許多面向，喜歡每天學習新事物，參加令人興奮而且雄心勃勃的開放原始碼專案，並且貢獻心力撰寫軟體相關的書籍和文章。Michael 協助許多研討會組織相關事務，也在許多研討會上演講，他的努力讓他獲選為 Java Champion 成員。此外，他每週會在當地的學校開設女生限定的程式課程，幫助孩子們學習程式設計。

♦ 基準測試很難，但 *JMH* 能幫助你完成（第 11 頁）
♦ 在所有引擎上燃起火焰（第 51 頁）

Mike Dunn

Mike Dunn 是 O'Reilly Media 平台的首席行動工程師和 Android 技術負責人，他是 AOSP 社群認可的成員，對 Android 開放原始碼生態系統盡心盡力，是長久以來熱門圖片函式庫 TileView 的創始人。Mike 還跟 Shaun Lewis 合著《*Native Mobile Development: A Cross-Reference for Android and iOS Native Development*》（O'Reilly 出版），和 Pierre-Olivier Laurence 合著即將出版的《*Programming Android with Kotlin:*

Java to Kotlin by Example》（O'Reilly 出版）。他為 Google 的 Closure JavaScript 函式庫貢獻心力，支援開放原始碼的工作，範圍從色彩管理函式庫、利用 Google 下一代 Android 媒體播放器 ExoPlayer 快速搜尋和區塊層級加密，到擁擠的 PHP 路由引擎。Mike 從事專業程式設計的工作已經有將近 20 年的時間，目前持續在喬治亞理工學院進修電腦科學的碩士學程。讀者可以從他的網頁（*http://moagrius.com*）找到各種過時、逐漸淘汰的數種層級的程式碼片段、開放原始碼和客戶端專案，還有他所撰寫的部落格文章。

♦ 請來試試時下最夯的 *Kotlin*（第 103 頁）

Monica Beckwith

Monica Beckwith 為 Java Champion 成員、First 樂高聯賽（First Lego League）的教練，和其他作者共同著有《*Java Performance Companion*》（Addison-Wesley 出版），即將單獨出版《*Java 11 LTS+—A Performance Perspective*》一書，非常熱衷於研究微軟系統環境下的 JVM 效能。

♦ 從 *JVM* 效能的觀點看 *Java* 程式設計（第 86 頁）

Nat Pryce

Nat Pryce 多年來一直為 <coughty-cough> 從事程式設計的工作，其中許多工作是利用 Java 在 JVM 上完成。他曾經在各種業界擔任顧問開發人員和架構師，負責交付各種規模的核心業務系統，從內嵌式顧客設備到支持全球業務的大型電腦運算中心都有。他經常在研討會上演講，是《*Growing Object-Oriented Software, Guided by Tests*》（Addison-Wesley 出版）一書的作者之一，這是一本以物件導向設計和測試驅動開發為主題的熱門書籍。

♦ 模糊測試超乎常理地有效（第 186 頁）

Nicolai Parlog

Nicolai Parlog（aka nipafx）為 Java Champion 成員，熱衷於學習和分享。他藉由部落格貼文、文章、電子報、書籍、Twitter 推文、IG 貼文、影片和串流影音，還有在研討會和內部培訓上做到這兩點，更多資訊請參見他的個人網站（*nipafx.dev*）。此外，他還以個人髮型聞名。

- ♦ 註解的種類（第 96 頁）
- ♦ Monad 設計模式 ── *Optional* 雖然違反定律，卻是一個好用的型態（第 136 頁）
- ♦ 請細心呵護你的模組宣告（第 160 頁）

Nikhil Nanivadekar

Nikhil Nanivadekar 是開放原始碼專案 Eclipse Collections 框架的提交者和專案負責人，2012 年以來，他一直在金融部門擔任 Java 開發人員。開始發展軟體開發人員的職涯之前，Nikhil 在印度 Pune 大學獲得機械工程學士學位，然後到 Utah 大學取得機械工程碩士學位，專長是機器人。他於 2018 年獲選為 Java Champion，經常在當地和國際巡迴演講，強力提倡兒童教育和師徒制，並且在一些活動中舉辦研習營，教孩子們機器人，像是 JCrete4Kids、JavaOne4Kids、OracleCodeOne4Kids 和 Devoxx4Kids。Nikhil 喜歡和家人一起烹飪、健行、滑雪、騎摩托車，還有跟動物救援組織合作。

- ♦ 認識 *Java* 集合框架（第 101 頁）

Patricia Aas

Patricia Aas 是一名經驗豐富的 C++ 程式設計師，最初是從 Java 出發，曾經在 Opera 和 Vivaldi 這兩個瀏覽器上工作，並且在任職 Cisco 期間，開發內嵌式視訊會議系統 TelePresence。她的好奇心非常旺盛，總是為學習新事物而感到興奮。Patricia 和其他夥伴共同創立 TurtleSec，目前是這家公司的顧問和培訓師，專長是應用程式安全。

- ♦ 認識 *Java* 的內聯概念（第 76 頁）

Paul W. Homer

過去 30 年來，Paul W. Homer 一直是專業的軟體開發人員，他為金融、行銷、印刷和醫療保健領域開發商業產品，還投入 15 年的時間寫部落格。在這段期間，他幾乎涉足軟體開發的每個面向，經常擔任首席程式設計師。

Paul 利用部落格（*The Programmer's Paradox*），試圖從過去這些多樣性的工作經驗裡總結出一些合理的結論，討論他在不同組織間移動時，遇過哪些比較大的模式。雖然他個人偏好後端演算的程式設計，但經常喜歡嘗試將網域介面完全動態化。只要他沒有被複雜的程式碼埋葬，他會嘗試花時間跟開發人員與企業家討論軟體開發的基礎。

♦ 產業級技術之必要性（第 130 頁）

Peter Hilton

Peter Hilton 是產品經理、開發人員、作家、演講者、培訓師，也是一名音樂家，他在專業上的興趣有產品管理、工作流程自動化、軟體功能設計、敏捷軟體開發方法和軟體維護性與文件化。Peter 為軟體公司和開發團隊提供諮詢，有時會提供簡報和研習營。他曾經在許多歐洲開發者研討會上發表演說，和其他作者合著過《*Play for Scala*》（Manning 出版）一書，教授課程《Fast Track to Play with Scala》，近期則是製作自己的培訓課程《How to Write Maintainable Code》。

♦ 使用更好的命名規則（第 63 頁）
♦ 將布林值重構為列舉型態（第 153 頁）
♦ 請以一句話表達註解內容（第 205 頁）

Rafael Benevides

Rafael Benevides 任職於 Oracle，是擁護雲端原生語言的開發人員。他憑藉著在 IT 業數個領域裡的多年經驗，協助全球的開發人員和公司，提高軟體開發的效率。Rafael 認為自己是問題解決者，非常熱愛與他人分享。

他是 Apache DeltaSpike PMC 成員、得過 Duke's Choice Award 大獎、還是許多研討會的講者，像是 JavaOne、Devoxx、TDC、Devnexus 等等。讀者可透過 Twitter 帳號（*@rafabene*）與他聯繫。

♦ 知其然，更要知其所以然（第 147 頁）

Rod Hilton

Rod Hilton 任職於 Twitter，擔任軟體工程師，從事以 Scala 和 Java 語言的開發工作。他在部落格 *nomachetejuggling.com* 上撰寫軟體、技術相關的文章，有時也會寫些跟 *Star Wars* 有關的內容，讀者可以透過 Twitter 帳號（*@rodhilton*）與他聯繫。

♦ *JDK 在 bin 目錄下提供了很棒的工具*（第 170 頁）

Dr. Russel Winder

Dr. Russel Winder 最初是高能量理論粒子物理學家，然後才重新訓練自己為 Unix 系統程式設計師，這引導他成為電腦科學學者（後來他又去倫敦大學學院和倫敦國王學院進修），對程式設計、程式語言、程式工具和環境、並行性、平行性、編譯、人機互動和社會技術系統產生興趣。他曾經擔任倫敦國王學院計算機科學系的教授和系主任，然後離開學術界，開始涉足新創事業的領域，擔任公司的技術長或執行長。此後有十年的時間，他從事獨立顧問、分析師、作家、培訓師和專家證人的工作，並且於 2016 年退休。今日的他依舊對程式設計、程式語言、程式工具和環境、並行性、平行性和編譯非常有興趣，這使得他即使退休，還是十分活躍。

♦ *宣告式表達是通往平行計算的道路*（第 34 頁）
♦ *JVM 為多重典範平台：請利用這項特性提升你的程式設計技巧*（第 92 頁）
♦ *請將執行緒視為基礎設施的一環*（第 176 頁）

Sam Hepburn

Sam Hepburn 過去在倫敦待了九年，成為新創科技業裡的知名面孔。她曾經與倫敦的多個組織合作，現在則進一步擴展到美國、英國和波蘭等更遠的地區，希望建立一些世界上最大的科技社群，主要目的是創造一種環境，讓個人覺得自己受到歡迎，讓社群蓬勃發展。Sam 目前在 Snyk.io 帶領社群團隊，協助開發人員將安全性納入其開發工作流程中。私下的她和其他人共同創辦了 Circle，這是一個在新的工作世界裡提升女性職涯發展的人際網絡；主持 Podcast 節目 *Busy Being Human*，節目中會誠實地介紹一些人們背後真實的故事，告訴聽眾我們喜愛的一些人是如何變成現在的他們。

♦ 利用社群的力量來提升你的職涯（第 199 頁）

Sander Mak

Sander Mak 是 Picnic 的技術總監，這是荷蘭一家擴大營業規模的線上雜貨平台，以 Java 為基礎所建置的大型系統。他也是 Java Champion 成員，著有《*Java 9 模組化*》（Java 9 Modularity，O'Reilly 出版）一書。Sander 作為一名狂熱的研討會講者、部落客和課程平台 Pluralsight 的作者，熱愛與他人分享知識。

♦ 浴火重生的 *Java*（第 149 頁）

Sebastiano Poggi

Sebastiano Poggi 來自義大利北部的多霧平原，初試啼聲的工作是在一家還在草創階段的新創公司，開發智慧手錶。然後他頂著一頭捲髮搬到倫敦去，協助知名代理商 AKQA 和 Novoda 處理大客戶的 Android 應用程式。Sebastiano 從 2014 年起成為 Google Developer Expert，經常在研討會演講，偶而寫些部落格文章。回到義大利後，現在的他任職於 JetBrains，負責開發工具類產品和 Android 應用程式。Sebastiano 擅長設計、排版和攝影，過去也曾擔任過影片製作人，經常可以在他的 Twitter 帳號（*twitter.com/seebrock3r*）上，看到他表達許多不請自來的個人意見。

♦ *Kotlin* 與 *Java* 之間的互通性（第 78 頁）

Steve Freeman

Steve Freeman 是英國國內敏捷軟體開發的先驅,為《*Growing Object-Oriented Software, Guided by Tests*》(Addison-Wesley 出版)一書的作者之一。他的工作資歷包含顧問公司和軟體供應商,擔任獨立顧問和培訓師,以及為重要的研究實驗室設計原型。Steve 擁有英國劍橋大學的博士學位,目前是英國 Zuhlke Engineering Ltd. 裡傑出的顧問,主要的娛樂消遣就是告誡自己不要再買長號啦。

- ♦ 不要更改你的變數(第 42 頁)
- ♦ 建立最低限度的建構函式(第 125 頁)
- ♦ 簡化 *Value* 物件(第 157 頁)

Thomas Ronzon

Thomas Ronzon 專注於發展核心業務應用現代化已經有 20 年以上的時間,除此之外,他也出版過書籍以及在研討會演講。Thomas 帶著專業的精神,充滿熱情而且非常樂意深入鑽研技術的各個面向;帶著同理心、經驗和具體的解決方案,協助在商業和 IT 之間架起橋梁。

- ♦ 如何擊潰 *Java* 虛擬機器(第 70 頁)

Trisha Gee

Trisha Gee 長久以來持續為各種產業和不同規模大小的公司開發 Java 應用程式,包含金融業、製造業、軟體業和非營利組織,她的專長是 Java 高效能系統,熱衷於提升開發人員的生產力。Trisha 是 Jet Brains 這家公司的產品大使、西班牙 Sevilla 當地 JUG 社群的領導者,以及 Java Champion 的成員。她深信健全的社群與分享彼此的想法,可以幫助我們從錯誤中學習並且建立成功。

- ♦ 掌握脈動,跟緊潮流(第 94 頁)
- ♦ 學習使用 *IDE* 來減輕認知負荷(第 116 頁)
- ♦ 技術面試是一項值得培養的技能(第 166 頁)

berto Barbini

Uberto Barbini 是一名會多國語言的程式設計師,具有 20 年以上的經驗,在多個產業裡,成功設計與開發過多個軟體產品。自從在個人電腦 ZX Spectrum 上創作出第一個遊戲後,他就發現自己非常熱愛程式設計,時至今日他依舊充滿熱情,想寫出最棒的程式碼,為商業提供價值,不只是曇花一現,還要能穩定產出。不寫程式的時候,Uberto 喜歡到處去演講、寫作和講課,目前他正在撰寫一本跟 Kotlin 函式有關的實用書。

♦ 請學著愛上傳統系統裡的程式碼(第 111 頁)

索引

※ 提醒您：由於翻譯書排版的關係，部份索引名詞的對應頁碼會和實際頁碼有一頁之差。

Java 程式設計師應該知道的 97 件事｜來自專家的集體智慧

作　　者：Kevlin Henney, Trisha Gee
譯　　者：黃詩涵
企劃編輯：蔡彤孟
文字編輯：詹祐甯
設計裝幀：陶相騰
發 行 人：廖文良

發 行 所：碁峰資訊股份有限公司
地　　址：台北市南港區三重路 66 號 7 樓之 6
電　　話：(02)2788-2408
傳　　真：(02)8192-4433
網　　站：www.gotop.com.tw
書　　號：A533
版　　次：2021 年 01 月初版
建議售價：NT$450

國家圖書館出版品預行編目資料

Java 程式設計師應該知道的 97 件事：來自專家的集體智慧 / Kevlin Henney, Trisha Gee 原著；黃詩涵譯. -- 初版. -- 臺北市：碁峰資訊, 2021.01
　面；　公分
譯自：97 Things Every Java Programmer Should Know
ISBN 978-986-502-714-8(平裝)
1.Java(電腦程式語言)
312.32J3　　　　　　　　　　　　　109022247

讀者服務

● 感謝您購買碁峰圖書，如果您對本書的內容或表達上有不清楚的地方或其他建議，請至碁峰網站：「聯絡我們」\「圖書問題」留下您所購買之書籍及問題。(請註明購買書籍之書號及書名，以及問題頁數，以便能儘快為您處理)
http://www.gotop.com.tw

● 售後服務僅限書籍本身內容，若是軟、硬體問題，請您直接與軟體廠商聯絡。

● 若於購買書籍後發現有破損、缺頁、裝訂錯誤之問題，請直接將書寄回更換，並註明您的姓名、連絡電話及地址，將有專人與您連絡補寄商品。